MINERVA
知の白熱講義
1

ゴリラと学ぶ

家族の起源と人類の未来

山極寿一×鎌田浩毅

ミネルヴァ書房

刊行のことば

人生は不可逆的だが決して単線ではない。その道は無数の選択と開拓の集大成であり、選ばなかった道、様々な経験の持つ意味が、時を経て変わることもある。だから人生は趣深い。そして自らの足跡を振り返る意義も、そこにある。

「MINERVA知の白熱講義」では、〝知の伝道師〟鎌田浩毅氏が、その鋭い視点と旺盛な知的好奇心の赴くまま、斯界の第一人者を講義者に招き、熱く語り合う。第Ⅰ部では半生とその思想に切り込み、第Ⅱ部では、専門的知見を平易な言葉で論じ合う。

今ではその名を轟かせる泰斗たちは、何に出会い、何を感じ、何を考えながら生きてきたのか。偶然と必然が織りなす半生で、その専門知はいかに導かれてきたのか。人の生き様とつながるからこそ、その知はおもしろい。

現代では電子ツールの発達に伴い、対面でのやりとりや言葉を交わさずともすむ〝コミュニケーション〟は増加の一途を辿っている。しかし、古来より先人の知恵を受け継ぐ〝口伝〟の力が消えることはない。多彩なゲストが自らの専門領域を講じる中、火山学者である鎌田氏がそれにどう相対するのか。ここに真の知的交流が成る。

本シリーズが届けるのは、人の生のおもしろさ、そして人が出会い、面と向かって語り合うことで起こる知のケミストリー（化学反応）の成果である。空間を同じくし、直に知の火花を散らすことで生まれるひらめき、時に互いの感覚を共有し、一気に話が飛翔する知的興奮の生まれるその空気まで感じ取っていただければ、これにまさる喜びはない。

平成三〇年（二〇一八）一月

ミネルヴァ書房

ヴィルンガにてマウンテンゴリラとともに

カフジの総合調査
（1990年）

国際霊長類学会（IPS）1990，屋久島

ベートーベン

シルバーバック
２頭を含む行列

2010年ムカラバにて

2011年カフジにて

ナイロビ学振パーティ

バルセロナシンポジウム（1996年）

オスゴリラの木登り

コンゴにてポポフメンバーと（1998年）

はしがき

かつて古代ギリシアで人類の知性に大きな影響を及ぼす事件があった。後に西欧哲学の始祖となるプラトンが、ある日ソクラテスに出会いその後の人生を変えたのだ。

眼光鋭い老人が市井《しせい》の人々と議論を交わしながら、世界の本質を次々に明らかにする姿がそこにあった。「対話法」と呼ばれる哲学上きわめて重要なメソッドの登場だが、こうした議論の克明な記録が『プラトン全集』（岩波書店版で全一五巻）として残った。彼が書いた文章の八割が現存するという驚くべき事実は、後世の人々がいかに大切に書き写していったかを物語るものだ。

ちなみに、有力政治家になるはずだったプラトンは、すべてを棒に振って哲学者になった。親はさぞかし怒っただろうが、そのお陰で彼の名は学問の歴史に燦然《さんぜん》と輝くこととなる。古今東西、諸学の事始めには白熱した対話があり、「激談」こそが学問の入り口に相応《ふさわ》しい手法なのだ。

それから二五〇〇年ほど過ぎた京都のある日、古代ギリシアの対話法をシリーズで行ってほしい、という企画が私に持ち込まれた。各界で活躍中の方々と長時間の対談を行い、忌憚《きたん》のない質問を繰り出しつつ相手を学問的に「直撃」する。その直撃には赤い革ジャンを着て講義する鎌田が一番向いている、という話だった。

私は申し出を即座に受け入れた。京大でも学生たちと長年「双方向の議論」を行ってきたが、知的な会話が三度の飯よりも好きなのだ。今回は、世に錚々《そうそう》たる碩学《せきがく》を相手に、双方向の「激談」をしてほしいと言う。すなわち、ソクラテスとプラトンの間で繰り広げられた知的ドラマを京都から発信する、という極めて斬新《ざんしん》な試みだ。題して「ＭＩＮＥＲＶＡ知の白熱講義」とシリーズ名も決まった。

対談相手の人選を始めた私は、京大で教え始めて二〇年の節目として、まず京都で活躍する学者を直撃することにした。京都は世界文化遺産にも登録された歴史と伝統の古都だが、同時に大学の街、若者の街、進取の気性に富む文化都市でもある。そして私が京都を応援する際にいつも語るキーフレーズは、「京都は深める都市、東京は勝つ都市」なのだ。

じっくり物事を考えて語るには、京都ほど素晴らしい都市はない。そして「深める都市」にふさわしい第一回目の対談ゲストを山極寿一博士に決めた。ゴリラをはじめとする霊長類学研究の第一人者で、国際霊長類学会の会長も歴任した世界的権威だ。現在、京都大学総長を務めているから私のボスであり、名うてのエッセイストでもある。彼のように多才な人間はめったにいないが、対談の名手であることはあまり知られていないのではないか。白熱講義シリーズのトップバッターとして、私は彼に三顧の礼でご登場をお願いした。

実は、私は彼とは既にいくつかの接点がある。最初はテレビ番組の「共演者」として、「爆笑問題のニッポンの教養・京大スペシャル」（ＮＨＫ総合テレビ、二〇〇八年）の収録でご一緒した。爆笑問題のお二人がキャンパスを回りながら教授や学生たちと喧々諤々《けんけんがくがく》と議論を交わすユニークな企画だが、東大・慶應大と巡って三校目に京大の吉田キャンパスへやってきた。

法経四番教室という六〇〇人が収容できる巨大な教室に、尾池和夫《おいけかずお》総長（当時）と六人の「名物」教授が集まった。五時間にわたる「激談」が始まったのだが、山極教授はゴリラ研究と人間観察から鮮《あざ》やかな議論を展開し聴衆を魅了した。話の内容もさることながら、巧みな話術が皆を楽しませた。

その後、私は『世界がわかる理系の名著』（文春新書、二〇〇九年）の査読をメールで彼に依頼した。アフリカ出張直前にも関わらず、すぐに返事が届き、快く引き受けてくださった。そして帰国してまもなく、原稿に数多くの助言を書き込んだ添付書類が送られてきたのだ。

フィールドワーク前後の大変さは私もよく知るところなので、超多忙な中で返信くださったことに感謝するとともに、仕事ぶりの速度と内容の的確さに驚いた。どの分野でも優れた研究者は仕事が速いものだが、山極先生は群を抜いている。専門が異なるため彼の学会活動は存じ上げなかったが、生物学には凄い研究者がいると感嘆したことを今でも鮮烈に覚えている。

その山極先生が、京大総長選挙に担ぎ出された。本文にもエピソードを紹介したが、お弟子さんたちが何と「総長落選運動」を始めたのだ。教授に総長になられたのでは世界の霊長類学が遅滞する、という理由だった。

このキャンペーンには京大全体が注目した。大方の意見は「落選運動とはウチの大学らしい。でも、こういう人こそ総長になってほしいね」というものだった。そして決選投票を経て先生は当選した。

山極門下生には申し訳なかったが、もちろん私も積極的に推した。

さて、京大も含めて現在の日本の大学は危機的状況にある。世界標準で見ると、我が国の学術の地盤沈下は甚《はなは》だしい。その根底には個人の問題を超える社会的、構造的な課題が山積しているが、そんなことを論じても始まらない。要するに、我々日本人が学問に対する魅力を感じなくなってきたことが最大の危機だと思う。

ところが、幕末や明治時代は決してそうではなかった。今から百五〇年ほど前の明治初期、三〇歳代後半の福澤諭吉は、『学問のすゝめ』を刊行した。欧米の近代的思想を身につけ自覚ある市民として意識改革することを説いた名著だが、文章は平易にして情熱に満ちており、全国民の十人に一人が買ったという。当時と比べると現代の学問環境が遥《はる》かに整っていることは論を俟《ま》たないが、なにせ人々の知的好奇心が萎《な》えている。我が国では「衣食足りて礼節を知る」とはならなかったことが、私には本当に残念でならない。

福澤たちの持っていた「知的ハングリー精神」の欠如が大問題で、学生もビジネスパーソンも経営者も一様にひ弱で迫力に欠け、いわゆる「教養」がない。古来より教養には「知識」「見識」「胆識」の三つが必要とされるが、最初の知識からして不足状態なのだ。一七世紀英国の哲学者フランシス・ベーコンが発した警句「知識は力なり」は、まさに今の日本人に向けて発しなければならない。

ちなみに、私にとって二〇年間行ってきた講義の目標は、受験勉強で疲弊した（と思い込んでいる）京大生たちの知的好奇心を蘇《よみがえ》らせることだった。そして若者だけではなく、生涯現役を標榜したいプレミアエイジの人たちにも、「学ぶ楽しさ」をもう一度復活させてほしいのである。

さて、私の専門である地球科学からは、日本列島は「大地変動の時代」に突入した大変な時期にある。たとえば、二〇一一年に起きた東日本大震災以来、地震と噴火が頻発していることに誰しもが不安を抱いている。その理由は、平安時代から数えて千年ぶりの「地殻変動」が始まったからだが、今後について予測すると地震と噴火は数十年間止むことがないだろう（拙著『日本の地下で何が起きているのか』岩波書店、二〇一七年を参照）。

そして、大地変動の時代は偶然にも、社会の変動期と重なるのが日本の歴史なのだ。たとえば日本人は、幕末の混乱期と太平洋戦争の終戦期にそれぞれ巨大地震を経験し、三度目の「南海トラフ巨大地震」を目前に控えている。

こうした動乱期には、優れた人物が世をリードし次の時代へバトンタッチしたことも事実である。先の福澤も然り、大地変動の時代にこそ人材が生まれてきたと言っても過言ではない。そして「MINERVA知の白熱講義」は、こうした時代を先取りして企画されたのだ。

本書では私が読者代表として専門家に、皆さんが聴きたいと思う内容を基本事項から遠慮なくぶつけてみた。いわゆる「耳学問」をベースとし、話の展開に必要な補足説明は本文中で適宜行い理解の一助とした。なお、巻末には詳細な索引を付けたので、これらも活用していただければ幸いである。

では、山極寿一博士との「激談」を開始しよう。

鎌田浩毅

山極寿一×鎌田浩毅　ゴリラと学ぶ
——家族の起源と人類の未来

目次

第I部　ゴリラ学者の成長記録

中学生になっても木登り

第1講　子ども時代～大学――日記少年、東京から京大へ

腕白少年時代

鎌田浩毅　それでは「第I部　ゴリラ学者の成長記録」、ということで、まず子ども時代のことからお聞きしたいと思います。先生のお生まれとか、どんな子どもだったかとか、好きだったこと、嫌いだったこと、ざっくばらんにお話しいただけたらと思います。

山極寿一　ぼくは一九五二（昭和二七）年に東京で生まれて、三歳くらいまでは茨城県の下館《しもだて》市、あとは東京の国立《くにたち》市で育ちました。国立市は文教地区といわれていますが、それはカッコいい名前だけで、工場もない、パチンコ屋もない、小さな映画館が一つだけある、いわゆるベッドタウンでしたね。そこで少年時代を送った。幼稚園から小学校、中学校、高校までですね。特に第三小学校、第一中学校、国立高校と学校が並んでいるので、通学路が一二年間変わらないという悲惨な少年時代を送ったんですけど、幸い文教地区ということもあり、家のすぐ前が一橋大学だったんです。だから目の前に大

どんな木にでも登った

きな藪《やぶ》があり、その向こうにグラウンドがあって、その密生した竹藪がまさに子ども時代の恰好の遊び場になっていました。あの頃はターザンごっことか忍者ごっことか、探検物ですね。『ロビンソン・クルーソー』とか『十五少年漂流記』とか探検物が流行《はや》った時代なので、ぼくらも木の上に登って家を作ったり、綱をぶら下げてアッアアーと叫んだり、秘密の基地を作ったりする、そういう遊びが盛んでしたね。

鎌田　それは学校の授業とかとは関係ないものですか。理科が好きとか、体育が好きとかは？

山極　理科に関しては、一歳半年上の姉がいわゆる昆虫少女で、広口瓶を提《さ》げてあちこちうろつきながら昆虫採集しては標本を作っていた。でもそれが実はぼくにとってはトラウマになっていて、昆虫採集は嫌いです。生き物は好きなんですよ。つまり鳥を眺めたり虫を採ったりするのは好きなんだけれども、殺して標本にするというのはどうしても出来なくてね。人からよく、昆虫少年だったんですかと聞かれるんですが、違いましたね。そのかわり、探検ごっこみたいな遊びは好きでした。

あの頃の東京はまだまだ田舎で、国立というのは、市街地のちょっと南の方に歩けば甲州街道《こうしゅうかいどう》があって、その向こうは延々と畑、水田が広がっていたんですよ。そしてしばらく行くと多摩川がある。甲州街道のわきに谷保《やほ》神社というのがあって、その向こうは田園地帯で探検にはもってこい。ドジョ

野球では１番・サード

ウすくいや鮒《ふな》釣りに自転車でよく行きましたね。

鎌田　そうすると、学校が終わればすぐに友達と遊びに行っちゃう？　塾なんかない？

山極　ぼくは高校まで塾なんか行ったことがないです。

鎌田　遊び友達というか、悪ガキがいっぱいいましたか。

山極　悪ガキばっかりでしたね。東の方には一橋大学のグラウンドが別にあって、その向こうに根岸精神病院というのがありました。そこは子どもにとっては怖い場所でね、何か訳の分からない人が白衣を着ていたりして。ところがそのあたりに戦時中の防空壕があって、そこも探検場所になっていました。町のあらゆるところを利用しながら探検ごっこをやってましたね。とにかくほとんど家では遊ばなかった。

鎌田　ということは、友達は男の子ばっかり？　女の子は？　初恋とかはなかったんですか、小学校時代は。突然ですけど（笑）。

山極　小学校ではないなぁ。姉がいたんだけれど、あまり同級生の女の子は意識したことはなく、きわめて健全な少年生活でしたね。

鎌田　スポーツは？

山極　小学校のときは野球ばっかりですよ。

鎌田　野球少年でしたか。

山極　三角ベースでね。

鉄棒も得意技のひとつ

鎌田　そっちの方ね、ちゃんとしたリトルリーグじゃなくて。

山極　実は国立にね、国立オールスターズというちゃんとしたチームがあったんですよ。国立の隣が立川で、立川には米軍の基地があったんですね。そこの将校がユニホームとかいろんな野球道具を揃えて少年たちに野球を教えていたと聞きました。国立オールスターズというのは中学生以上で、別に国立ラビッツというのがあってそれは小学生でした。ラビッツは赤いユニホーム、オールスターズは黄色か黒だったかな。それで中学生で硬式の球を使ってやっていたんですよ。アメリカまで遠征して試合をしたりね。それは一つの憧れではあったんだけど、そっちには行かず、自分たちは自分たちで三角ベースのソフトボールをやってました。空き地があればどこでだって出来るでしょう。

鎌田　そういう時代でしたね。ぼくはちょうど三年違うんですよね、先生が三つ上。なのでそれはよく分かります。

山極　あ、そうですか。どこ生まれです?

鎌田　新宿生まれです。荻窪《おぎくぼ》で育って三鷹《みたか》に家があって、今でも両親がいます。ですからよく分かります、甲州街道とか、ピンときます。

山極　そうでしょうね。新宿とか荻窪といったら、ぼくらにとっては都会で、「東京に行く」と言っていた。国立は東京とは考えられてなかったですから。

鎌田　なるほど。で、中学校は公立に行かれたんですよね。

山極　ええ。

鎌田　どんな中学生でした？

山極　うーん、中学はいろいろあってね。ぼくの担任になった国語の先生から注意されたことがあるんです。実は小学校の五、六年の頃からちょっと元気がよすぎたんですね。

鎌田　分かります。

山極　ともかく授業で、ハイ、ハイ、ハイと手を挙げて質問するような子どもでしたから、担任の先生から、元気がいいのはいいけれども、ちょっと抑えなさいみたいなことを言われたことがあった。どうもぼくには、好奇心が旺盛で何でも知りたいみたいなところがあったんですね。それで、自分の好奇心というのを書く方に向けていった。日記少年になっちゃったんです。

鎌田　エッ！　いつからですか？

山極　小学校五、六年じゃないかなぁ。

日記少年めざめる

鎌田　毎日日記をつけたんですか？

山極　ほぼ毎日つけてましたね。

鎌田　ほぉー。

山極　書くと止まらなくなっちゃうんですよ、延々とね。その日記はもう残ってないんですがね、親父もおふくろも死んじゃって。

鎌田　それは惜しい。
山極　あの頃ほんとによく書いたと思うんですけど。
鎌田　でも、外で遊んで真っ黒になって帰ってきて、夜ご飯食べて、その後ですか？
山極　その後だったり、朝起きて書いたり。
鎌田　へぇー！　朝起きて。
山極　どうも書くことに熱中していた時期があるんです。
鎌田　何を書いていたんですか？
山極　それがよく思い出せないんだけどねぇ、具体的には。ともかくそれが昂《こう》じて、中学で演劇に興味をもつようになったんです。
鎌田　中学で？　早いですね。

演劇の脚本をかく

山極　中学で文化祭が九月にあって、夏前くらいからいろいろ演《だ》し物を考えて練習をするわけですよ。うちのクラスはぼくが脚本を書いて、配役などを決めて上演する。二年続けてそれをやったんですよ。たしかＳＦ物です。記憶がおぼろげながらあるんです。でも一方では体育も大好きでした。体力はそんなになかったですけどね。
鎌田　体は大きかったですか。

山極　いや、ぼくは二月二一日生まれなんですよ。早生まれなんで同学年だと小さい方でした。

鎌田　そうですね、あの頃の一年というのは違いますね。

山極　だから前から数えた方が早かった。でもバスケットボールが好きで、クラブに入っていたんです。

鎌田　へぇー。

山極　バスケットボールをやりながら演劇もやって、よく本を読みました。中学二年の担任が国語の先生だったんです。この先生は、今から考えれば躁鬱《そううつ》症だったのかもしれない。ずっと暗くて歯を食いしばって言葉を搾り出すような方でした。その先生にえらく気に入られて、本をいろいろ紹介してもらって読んだり、本をもらったこともあります。いぬいとみこの『うみねこの空』という版画入りの本なんですけど、今でも内容を覚えています。小指を失った少女がいて、その手を主人公の少年が版画にしようとするんだけど、少女がなぜそんなことをするのかと怒るんです。少年にとったら指を失った普通ではない手がとてつもなく美しかったからなんだけど、そういうふうに少年少女の繊細な精神の機微《きび》を表現したもので、先生の好みだったんですね。すごく内省的な人でした。その先生に結構、文章指導を受けた覚えがありますね。

鎌田　やっぱり書いてたんですか、山極先生ご自身も。

山極　ぼくはずっと日記を続けていたわけです。小学校時代から、自分の考えたこと、やったことを書くことが好きだった。

鎌田　それで先生に見てもらった？

山極　見てもらいましたね。でもそれは中学校二年まで。担任が変わっちゃって、三年のときはバスケットボール部の監督で、対照的にすこぶる元気のいい先生でしたね。

野田秀樹・平田オリザ

山極　クラブのバスケットボールは毎日練習で大変でした。一方で演劇をやりたいと思っていて、周囲の連中もぼくが二年も続けて演劇を創作したものだから、こいつは演劇の方、文系の方に行くなと思ってたみたいですね。

鎌田　今でも演劇はご興味があるんですか？

山極　ありますよ。けど、もう自分で創作したりはしないですね。

鎌田　ぼくは野田秀樹と同級生なんですよ。彼、ちょっと飛んでますけど。

山極　飛んでますねぇ。

鎌田　高校が一緒なんですよ、教駒（東京教育大学附属駒場高校、現・筑波大学附属駒場高校）で。それで大学（東大法学部）は彼は中退でしょ。大学時代に夢の遊眠社でブレイクしちゃって、卒業しないでそのままプロですよね。今でも必ず観に行くんですけど。

山極　そうかぁ。

鎌田　今や世界中で公演して、ロンドンでも賞をもらったりして。

山極　ものすごく売れてますよね。ぼくは平田オリザさんと仲が良くてね。オリザさんが結構サルに興味をもっているんで、ちょっと話をしたり……。

鎌田　ぼくは野田秀樹が火山の脚本を書くときレクチャーしに行きましたね。「南へ」という富士山の噴火を描いた作品（二〇一一年三月、東京芸術劇場で公演）。でも彼ね、今の状態で満足してないですよ、ロンドンを制覇したから今度はパリに行くというんです。

山極　ぼくね、野田さんもオリザさんも演劇で革命を起こしたと思っています。コミュニケーションの形式を変えた。全く予想のつかないようなものを野田さんはつくり出した。その発想があまりにも斬新《ざんしん》だったものだから、初めはあまり受け入れられなかったかもしれないけど、やっぱりすごいと思いますよ。オリザさんがこだわっているのもコミュニケーションの問題です。

鎌田　ほほぅ。

山極　オリザさんはね、コミュニケーションというのは自分と相手が分かり合えないところから出発するべきと言っています。今の日本のような少子化で近親者や同じ文化の作法しか知らずに育った若者たちが急に異文化を理解できたり、自分の考えを相手に分かる言葉で提示できるわけがない。それを鍛えるには、分からないことを前提に演劇を通して学ぶことが大切だという考えは面白いと思います。言葉をもたないサルとコミュニケーションをしているぼくは、もっと身体の同調を多用した方がいいとは思いますが、演劇という手段に目を見開かれた思いがあります。野田さんはぼくもまだよく知らないので、一度お話ししたいと思っているんですが。

鎌田　そのうち一緒に観に行きませんか。

山極　いいですね。

鎌田　ぜひ。

読書経験

鎌田　それで中学時代はバスケやって、演劇やって忙しいですよね。文章指導も受けて。

山極　文章指導といってもも日記を見てもらっていたというだけですがね。別に何になろうと思ったわけではなくて。

鎌田　思春期で、何かモヤモヤする時代じゃないですか？　かなり明るい中学生ですね。

山極　読書に関しては、あの頃読んだのは結構暗い本が多いですよ。

鎌田　例えば？

山極　パール・バックの『大地』とか、ジャン・コクトーの……。

鎌田　『恐るべき子供たち』。それは国語の先生のご指導で？

山極　だったかなぁ。うちの母親が文学少女でね、本をたくさん揃えていたんですよ。

鎌田　お母さんは何をしてらしたんですか？

山極　いや主婦ですよ。ただ本が好きで、よくある世界文学全集とか日本文学全集などをずらっと揃えていた。

鎌田　昔はありましたね、どこの家にも全集本が。今はどういうわけか売れないですけどね。

山極　今はないですねぇ。インターネットもない時代で、近くに貸本屋があったんですよ。貸本屋へ行って本を借りるのがわりと好きでしたね。探偵物なんかも読みましたよ。明智小五郎《あけちこごろう》とかね。

鎌田　そうですか、江戸川乱歩《えどがわらんぽ》ですね。ルパンとかホームズは？　洋物はどうでした？

山極　高校になってから読んだかな。中学校のときはまだ明智小五郎の時代だね。ちょっと背伸びして文学全集をね、モーパッサンの『女の一生』とか読んだりしましたが、やっぱりいちばん印象に残っているのは『大地』だなぁ。

鎌田　「週刊現代」（二〇一五年七月二五日、八月一日合併号）で「わが人生最高の十冊」に挙げておられましたね。中学生の頃からの愛読書ですか。

山極　そうですね、中学生の頃にずいぶん本を読んだ記憶があります。家にいるときは本を読んでいたし、学校の図書館にもよく行きましたね。

鎌田　学業の方はどうでした？　成績は。

山極　中の上というところかなぁ。小学校のときは、五段階評価で大体四と五だった。四の方がちょっと多いくらいで。中学のときもそんなものですよ。四と五が半々くらい。でも、体育だけはずっと五なんです。

鎌田　小学校から？

山極　小学校から。一年のときはそうでもなかったかな。小学校高学年から中学にかけては体育はずっと五ですね。

鎌田　肝心の理科はどうですか？

山極　理科ね……。

鎌田　京大理学部長、総長の兆しが見えるかどうか（笑）。

山極　小学校六年のときに、実はあのあたり、北多摩郡のいろんな小学校から代表者が一人、理科の集中講義を一年間受けるのに選ばれて行ったことがあるんですよ。立川高校だったかな、毎週土曜日に行って理科の実験をするんです。それぞれテーマを選んで。ぼくはね、なぜそう思ったのか理由は思い出せないんだけど、植物が葉緑素《ようりょくそ》を使ってデンプンをつくる炭酸同化作用《たんさんどうかさよう》というのを実際に調べようと思ってね。本当に葉緑素しか炭酸同化作用をやっていないのか、われわれ人間の目に見える緑というのが本当に必要なのか、そういう疑問をもって一年間実験したことがあるんですよ。

鎌田　へぇー。

山極　わりと執念深くて、実験にもかなり興味をもっていたと思います。

鎌田　中学校のときはずっと理科が面白かった？

山極　うーん、嫌いではなかったですね。でも中学校のときは生物よりも物理が好きだった。物理は高校に入ってからも一貫して好きでしたね。

中学時代

鎌田　中三になると受験がありますよね。どんな感じでした？

山極　あの頃じつは学校群というのが東京都で初めて採用されたんですよ。

鎌田　あれは先生のときからですか？

山極　そうです。一年上の連中まではアチーブメントテストというのを受けて、結果が悪くて選に漏れれば第一志望の高校に行けなくて、その次の高校に行かされるという感じだったんですね。ぼくのときから、立川高校と国立高校が組んで、自分の志望というのを群でしか出せなくなったんです。

鎌田　群ですか。

山極　七二群だったかな。日比谷・九段・三田とか、西と富士とか、そういう群が出来た。日比谷・九段・三田の場合だと、もともと日比谷に行きたかった者が日比谷に行けないかもしれないというので、ある程度バランスのとれた学校に越境《えっきょう》入学をしたわけですよね。ぼくの学年は、本来国立高校を志望したわけではない生徒がたくさんいたんです。当時ランクが上だった立川高校に行きたかったんだけどダメだったとか、また、日比谷に行きたかったけど三分の一の確率しかないので、立川・国立の群を受けようとか、西高と富士高だったら西高に行けないかもしれないからこっちにしようとか、そういうのがいて、結構都心から電車通いをして来る生徒が多かったんです。

鎌田　そうですか。生徒が群単位で選べるわけですね。

山極　生徒が選ぶんです。ぼくはそのへんを特に考えてなくて、行くんだったら地元の立川か国立だろう、どっちになってもいいやということで受けて、何とか通って国立に行ったわけですよ。

鎌田　ということは、受験勉強もそんなにやらなかった？

山極　全然記憶がないね。

鎌田　ということは、必死ではやってないんですね。

山極　やってない。でもあの頃は受験勉強ってあんまりなかったですよ、塾とかも。

鎌田　中学は、塾も行かないし家庭教師もなし？

山極　なし。

鎌田　自分で、学校で勉強するだけ？

山極　そう。でも一つだけ、ぼくの友達の父親が別の中学だったか高校だったかの英語の先生をしていて、ちょっと近所の子どもたちを集めて英語の講読会をやろうというような呼びかけがあって、そこには行ってたんですよ。サン＝テグジュペリの『星の王子さま』を英語で読もうということから始めて、結構面白かったんでそれには参加してましたね。でもそれは塾とかそういうのでは全然なくて、子どもたちが自主的に集まってやるというものでした。

鎌田　当時、学校群制度が始まると、私立とか国立とかいろいろだから、麻布《あざぶ》とか開成《かいせい》とかそういうところを受けようとは思わなかった？　ぼくは今の筑波大学附属駒場高校（筑駒）なんですけど。

山極　全く思わなかった。

鎌田　公立一本ですか。それは親御さんの意向とか？。

山極　というかね、あんまり知らなかったというのが現実だね。

鎌田　京大にも出身者が多いけれども、まだそういう六年一貫の受験校というのが出来る前？

山極　同じ中学から駒場高校に行ったのが一人だけいるんですよ。彼は都心から来てて、中学のときから越境入学をしていました。彼自身は最初から駒場に行くという目的でやっていて、頭もよかったんだけど、ぼくらは別に国立や私立に行こうとは思ってなくて。桐朋《とうほう》高校というのが国立高校のすぐ前にあるんですが、ここは私立の男子校で受験校。その隣に国立音楽大学附属高校というのがあって、ここは女子高みたいに女子が多かったんです。

鎌田　へぇー。

山極　国立駅の南口を降りると、丸いサークルがあって、一橋大学通りというのが南に走っているわけ、その東側の歩道を歩くのが国高生、右側つまり西側の歩道を歩くのが桐朋高生や国立音大附属高生でした。音大附属というのはキラキラしたミニスカートで、桐朋高校も恰好いい制服や私服だし、なおかつ男子校ですからかなり女の子を意識して歩いてる。西の方は華やかなんですよ。

鎌田　はいはい。

山極　東側の国高生というのはまだ旧式の制服だったからほんとにつまらない服装をして歩いていてね。

鎌田　詰襟《つめえり》ですね。

山極　両極端でしたね。中学の頃にそれを見ながら、みんな「はぁー」と思っていたわけで、だから中学から桐朋に行ったやつが何人もいるんですよ。ぼく自身は行きたいとは思わなかったですけどね。

鎌田　あんまり受験とか意識しないで来られてるんですね。

山極　そうなんです。

鎌田　中学時代、何にいちばん関心がありました？

山極　中学時代ねぇ、何に関心があったかなぁ。

鎌田　ガールフレンドとかなさそうですね。

山極　女性とかあんまり周りにいなかったからね。告白されたことはあるんですけどね。

鎌田　ちょっと教えてください。

山極　いやいや（笑）。

鎌田　もてたんですね。

山極　いや、そんなことないと思いますよ。頭はほとんど丸刈りみたいなものですしね。体育会系だったしね。

鎌田　よく喋って人気者だったとか。

山極　まぁ、そうですね。よく喋ってましたね。あんまり覚えてないけど、いじめられたとかは一切ないです。小学校のときは大体委員長とかやってたし、そういうタイプなのかもしれないね。

鎌田　それが総長になったんだから、小学校、中学校の同級生はみなさん当然と……。

山極　いや、そんなに面倒見のいい方じゃないし、そんなに付き合いのいい方ではないし……。

鎌田　でも要するに、小さい頃から人の付き合いであんまり困ったことはなかった？

山極　なかった。

鎌田　先生ともうまくやっていける生徒？

山極　先生とあまりケンカしたことはないね。要するに、鈍感なんですよね。

鎌田　怒らない人ですか？

山極　怒ります。

鎌田　怒るんですか。

山極　結構ケンカするんです。

鎌田　ケンカっ早い？

山極　仕掛けられたケンカは買う、という。よくケンカはしましたよ。

鎌田　取っ組み合いは？

山極　それは大学入ってからでもやってました。

鎌田　あ、そうなんですか。

山極　だけど、尾を引かないんですね。

鎌田　さっぱりしてるんですね。

山極　おかしいですか。

鎌田　いや、だいたい分かってきました。のちの霊長類学者がだんだん見えてきました。

山極　いやそうですか、あんまり定義づけないでくださいよ（笑）。

生意気「国高生」

鎌田　それで高校時代、国高はどんなところでした？

山極　国高はね、一年生は、全然意識が違うんですよ。初めからペダンティック（衒学的《げんがくてき》）な人が多かったね。議論好きだったり、あの頃は寺山修司《しゅうじ》なんかに憧れる人が多かったし……。

鎌田　そうでしたね、そういう時代でした。

山極　いうならば、映画に凝《こ》るとか、ロックに凝るとか、自分独自の趣味をもってそれについては一家言あるというか、吹くやつが多くてね。上の世代はおとなしいんですよ、わりと。ぼくは最初ラグビー部に入ったんだけど、あのデカパンが格好悪くて、しかも国高のラグビー部がすごく弱いということが分かって、これはやってられないなと思ってやめてバスケット部に入りました。

鎌田　ほぉー。

山極　中学校でもやっていたしね。ぼくらの学年は九クラスあって、男が三百人、女は一五〇人ぐらいいた。その連中を見てても上の連中とは明らかに違う。要するに、生意気なんですよ、われわれの年代は。でもある意味、ちょっと変わっていて面白かったですよ。Z会って流行《はや》ったじゃないですか。

鎌田　ええ、通信添削の。ぼくも熱中していました。

山極　あれのどれくらい難しい問題を解いてやるかとか、結構背伸びをするやつが多くて。数学や理科でもそうだし、スポーツでも陸上なんか一年のときから三年に勝つやつもいて、ぼく自身も校内マラソン大会で一年のときに一〇位になって、お前やるなとか言われたけど、そもそも一位が一年生だった。

鎌田　高校三年間、何をメインでやっておられたんですか。

山極　ずっとバスケットをやっていたんですけど、二年で体育祭の練習をしているときに足を折っちゃったんですよ。それで半年くらいギプスをはめていたかな。変な骨折で、膝蓋腱《しつがいけん》という腱があって、それがバスケットの練習で発達するんだけれども、骨の発達が追いつかなかったものだから、ハイジャンプをしたときにこの膝蓋腱が骨ごとポコッと割れちゃったんですね。

鎌田　うわぁ。

山極　それをビスで留めて半年くらいギプスをはめた。それ以来、脚が細くなりました。それでもうあまり運動はできないから、本を読んだり、興味が勉強の方に向かいました。ところが高校二年の後半くらいから、まさに高校紛争が始まって……。

鎌田　はぁ、そういう時代ですね。

山極　授業ボイコットですね。実際授業もほとんどなかったです。自主ゼミだけだったり、学校に来ない生徒も多かった。近くの一橋大学でもいろんなセクトが活動していました。大学の知人もいたから一橋大学の集会に出たり、大学寮に話を聞きにいったりしました。二年の九月に足を折って、高校紛争は翌年の二月くらいから始まって、それから全然授業もないので……。

鎌田　へぇー！

山極　だから受験指導もなしですよ。学校へ行ってはまず卓球をやって、暇になれば自主ゼミに出る。あの頃は三年生が一年生のクラスに行って授業をするみたいなことをしていましたから。楽しかったけれど一体どうなるんだろうみたいな気持ちはあったかな。

鎌田　じゃ大学紛争というのは高校でもやってたんですね、国高では。

山極　そうです。高校でやったから大学ではやらなかった。

鎌田　もう済んでます、みたいな？（笑）

山極　というか、高校生の方が純粋だったからね。自己批判と告白とかいろいろ、ま、いやな気持ちになったこともあった。

鎌田　分かります、分かります。

山極　喫茶店がたまり場でしたね。国分寺に「ほら貝」という喫茶店があって、そこはいうならば、活動家とか自然派の農業をやっている連中とかがたむろする場所だった。

シネマ・映画

山極　そうそう、ぼくは高校の頃、映画研究会にもちょっと顔を出していて、映画はわりと好きだった。それは演劇が好きだった流れだと思うんだけれども、国立に一つだけ、小さなつぶれそうな映画館があって、国立スカラ座といったかな、そこによく行ってましたね。

鎌田　その頃の覚えている映画なんかあります？

山極　『男と女』。

鎌田　あぁ、はい。

山極　これは結構衝撃的な出会いがあるんです。ぼくは中学の一、二年くらいまで、実はプロテスタントの教会に通っていたんですよ。

鎌田　へぇー！

山極　日曜日にね。これは親から言われたわけでも何でもない。親は仏教か神道かよく分からない。ただ幼稚園がキリスト教系だったのかな、その関係で小学校を通じて日曜日にプロテスタントの教会に行くという習慣ができていたんです。中学校くらいまで行ってたのかな、でもその頃だんだん信仰という心についていけなくなってきたんです。聖書研究会のようなものがあったんだけど、聖書を読み込んで神様がどうのこうのということになると、どうも信じきれなくなってきて、ぼくはそれをさぼって、国分寺《こくぶんじ》に逃避行《とうひこう》をして映画を見に行ったんです。そのときに見たのがたしか『男と女』だったな。

鎌田　何がよかったですか？

山極　キリスト教で禁じられていたことが全部ね。

鎌田　ニューシネマ。

山極　あのときニューシネマがアヴァンギャルドで、どんどん流行っていった時代でしたね。高校のときもそうだったけど。

鎌田　音楽がよくてね、フランシス・レイの。

山極　日本でもいわゆるアングラ映画や演劇が新宿とかで流行っていた頃で、見にいったこともありますけどね。若松孝二《こうじ》の『狂走情死考』だとか大島渚《なぎさ》の『日本春歌考』とかいった映画も上映されてましたね。いうならば世の中が、陰の部分、見ていない部分というか、自分の欲望に気づいたというか、そういう時代だね。だから常識というものを疑ってみるということができつつあったわけですね。

鎌田　その当時、やはり映画が教えてくれたというのは大きいですよね。ニューシネマだとか、思春期に見る映画というか、一五〇円くらいで見られる名画座《めいがざ》とかあったでしょ。三本立てとか高校生の小遣いでも十分に見られる時代でしたよね。

山極　喫茶店に行って、ちょっと同じ世代と会うと、映画の話をしましたよね。聞くと、そばにすぐ名画館があって、安い値段でニューシネマが見られたりね、そういうことが結構できましたね。

鎌田　じゃ、帰りは遅かったんじゃないですか？

山極　わりと遅かったでしょうね。

鎌田　親御さんは心配してなかったですか？

山極　まぁ、放任主義でしたからね。そんなに心配してなかったと思います。うちは一橋大学のすぐそばにあったから、機動隊と衝突して逃げ込んでくる学生がいたりして。

鎌田　へぇー、お家で。それじゃお父さんもそういう？

山極　親父は普通のサラリーマンで、朝早く出て夜遅く帰ってくるから、ほとんど家のことは知らない。おふくろとぼくら、中学、高校生という暮らしです。

ふらり京大受験

鎌田　でも高三になると、やはり受験がありますよね。授業がなくて映画を見ていても、受験は来ますよね。どうしました？

山極　まぁ、不幸中の幸いというか、足を折ったものだから、運動は出来なくなって勉強しはじめたわけです、高二くらいからね。でも高校紛争になっちゃったから、自分の実力を試す機会というのは全国模試しかないわけですよ。予備校がいろいろ全国模試をやるのを受けに行くことは何回かありましたね。何か急激に成績が上がったんですよ。

鎌田　ふぅーん。結構隠れた勉強をしていた？　隙間時間というか、遊びの合間に。

山極　隠れたというか、遊びができなくなったので、勉強が好きになったというか。足を折りましたからね。

鎌田　あ、そうか。

山極　で、やるものというと教科書しかないわけですよ。予備校も行ってないし、というか予備校自体もないし家庭教師もないから、教科書と参考書をある程度買って……。

鎌田　独学？
山極　独学ですね、基本的に。
鎌田　へぇー！
山極　最初東京の大学を受けようと思っていたわけ。そしたら高三の秋に、バスケットボール部の同輩が京都大学の文学部を受けると言い出したんです。へぇー、京都まで行くんだと思って、京大ってどんなところかなと案内書とか見てね。
鎌田　大学案内ね。
山極　本屋で立ち読みしてね。あぁ、そういうこともあり得るなぁと思った。地方の大学に出かけて行くのもありかと。
鎌田　京大は国高生にとっては地方の大学なんですね。
山極　だってそれまで現役で受けた人は一人もいないんだもの。
鎌田　あっ、そうなんですか。へぇー。
山極　ぼくが最初なんですよ。それでどうしたかというと、あの頃、京都大学親学会というのがあってね、京都大学の学生が受験生のお世話をしていたんです。
鎌田　東京にもあった？
山極　いやいや京都ですよ。そこに問い合わせると、宿舎とか世話してくれるよというわけです。そのうちそいつがやっぱり京大やめて東大にすると言ったので、じゃオレは京都に行こうかなと。

鎌田　「じゃオレは」で決まっちゃうんですか（笑）。

山極　最初はそんな軽い乗りなんですよ。ぼくは、最初は東大の理Ⅰを受けるつもりで、滑り止めに早稲田を受けようと思っていたんですが、じゃ東大をやめて京大にしようと。そこで京大の理学部を受けようと思って調べたら、親学会が、理学部はいいよ、留年制もないし、東大みたいに最初に専攻を選ぶ必要もない、四回生になるまでに自分の進む道を決めたらいいんだと。なるほどこういうやり方もあるなと思って、親学会に旅館も世話してもらった。本能寺会館ですよ。周りを見たらあと四人くらい受けるというから、じゃみんなで行こうかという話になって受けたんですよ。

鎌田　受かりました？

山極　受かりました。

鎌田　受かると思いました？　まず試験ができました？　京大入試の感想、ぜひ聞きたいです。

山極　試験の途中で歯が痛くなってね。大雪だったんですけど、試験の合間に荒神口の歯医者に行ったんですよ。頬がはれちゃってね。そしたら日本風の座敷に機械が置いてあって、注射を打たれて虫歯の治療を受けた記憶があります。だからえらく苦労したという気はしたんだけど、数学は自分でもよく出来たなと思いました。数学、物理は大好きだったんですよ。生物はあんまり得意じゃなかった。だから実は生物を受けてないんですよ。物理、化学、地理、歴史、数学、国語、英語です。国語もぼくは大好きなんですね。英語はあんまりできなかったけど、数学と国語はまぁまぁ出来たなと思ったので、ひょっとしたらという気はありました。でも早稲田も同時に受けて通っていましたから、まぁいいやと思っていたんですよ。

鎌田　ふぅーん。

山極　でも一緒に受けに行った連中はみんな落ちました。

鎌田　ええっ！

山極　みんなといっても四人くらいですがね。

鎌田　でも大学を選ぶというのは今の高校生はすごい真剣だけど、お聞きしていると、何か軽いですね。

山極　軽いです。というのは、動機が東京を離れたいなということだったんですよ。北大だろうが東北大だろうがどこでもよかったんだろうな。やっぱり高校紛争のせいですかね、東京にいてまたこのしがらみを引きずっていくのかと思うとね。あの頃、大学に進む道を諦めようという呼びかけもあったんですよ。

鎌田　ありましたね。

山極　大学に行くなんて、今の体制を認めることになるじゃないかと。

鎌田　「大学解体！」とか掲げてね。シュプレヒコールしてました。

山極　だから自主的に大学進学をやめた連中もいるわけですよ。

鎌田　あぁ、そうですか。

山極　そいつらに対して申し訳ないという気持ちもあったし、学生運動とかデモとかしながら、裏では受験勉強してお前入ったのかいと後ろ指を指されるという気持ちもあったし……。

鎌田　京都ならいいだろうと？

山極　というか、そういう人間関係を……。

鎌田　ぜんぶ東京に置いて。

山極　そうそう。全く新しく始めたいと。

鎌田　すごく分かります、それは。

山極　それで京都はいいなと、途中で思うようになったんですけどね。あんまり強い動機があったわけじゃないんです。京大に憧れてとかではないんです。もちろん湯川秀樹さんの存在は知ってたし、物理は好きだったから、彼に学べる可能性もあるな京都に行けば、というのが頭の隅になかったと言えばウソになるけれども。

鎌田　いや、素晴らしい、それは。

山極　鎌田さんは、京大を受けようと思ってきたの？

鎌田　いや、ぼくは東大なんですよ、出身大学は。高校は今の筑駒だから周りはみんな東大に行く。線路の向こう側にある一番近い大学だから、何も考えないでぼくも東大に行って、「しまった」と思ったんです。あそこはきちっとした教育をするから。京大みたいに教授の背中を見て自然に育てばいいや、という自由なことはないじゃないですか。

山極　たしかにね。

鎌田　それで見事に落ちこぼれました。理学部地学科だったんですけどね、学部卒で就職することに決めました。科学の世界から抜け出ようと思って公務員試験を受けたら、研究所に配属されちゃった。その後で劇的に火山に出逢って、火山学者になっちゃったんですけど。ぼくはね、京大に一九年前に採用されて、「あっ、ここは自分に合っている」と思った。そういう意味では、教授になって初めて京都大学を発見して、すごくいい大学だと思いました。

山極　たしかにね。まあ大学の話は後でするとして、ともかく親学会の連中が非常に強く勧めるもので、おぉそれじゃあと思いました。

鎌田　今もあるんですか、親学会って。

山極　あまり聞いたことがないですね。あの頃はそこしか頼るすべがなかったんですよ。

鎌田　宿とかそういうこと、結構大事ですよね、受験生にとって有難いことで。

山極　ええ、ぜんぶ世話してくれるという話ですから、じゃ頼もうかということになって京都にやってきました。

京大学部生時代

鎌田　いよいよ京都大学の学生になって、どうでした？

山極　理学部に入ったもののあまり授業がないわけです。

鎌田　まだ紛争中？

山極　七〇年ですから「後」ではあるんだけど、ビラはどこでも貼ってあったし、授業が突然中止になるということはあったし、同じ高校からは一人も入ってないから友達もいないわけ。しかも周りは京都弁。まずは北白川に下宿したんだけれども、入ってみて分かったのは、そこは浪人生の下宿だったんです。みんな勉強しているし、これはダメだと一カ月でそこを出て、自分で下宿を探して次は二条城のすぐそば、二条駅の前にある長屋を見つけました。ぼくの部屋は一〇畳あって、その隣の六畳に同志社大学の三回生が下宿していました。天井は低いけれども広い方がいいだろうということで、それが一カ月六千円だったかな。独身の初老の大家さんがいて、その人がいろいろ話をしてくれました。そこに下宿したのが七〇年ですから大阪万博の年なんですね。それで東京からみんながぼくの下宿に泊まりに来るわけですよ。しまいには居ついちゃうのもいた（笑）。二人くらい居ついちゃって、両方とも大学進学を諦めた連中でね。

鎌田　同級生？

山極　そう。一人は喫茶店に勤めて、もう一人は寿司屋に勤めて、半年くらいいましたかね。

鎌田　先生の下宿から通勤しているわけ？　はぁー、面白い！

山極　一年の前半をそれで過ごしたんだけど、何かしたいなと思ってね。あまり理学部の授業にも馴染めなかったというか、教養課程だから理学部とほとんど関係なかったし、クラスもバカな動機でロシア語をとったりしちゃってね。

鎌田　なんでまたロシア語？

山極　ゴーゴリとかプーシキンが好きだったんで原語で読みたいと。思いつきですよ。

鎌田　入学するときに選ぶんでしたよね。

山極　ドイツ語が五クラスくらいまであって、フランス語が一クラスかな、その他に混成クラスというのがあって、中国語やイタリア語やロシア語があった。ぼくはロシア語をとったんですが、それは別に理学部の学問とは関係ないわけですよ。

鎌田　とるのはロシア文学をやるような連中でしょ。

山極　ちょっと変わってるでしょ。で、クラブでも入るかと思って、それまではバスケットボールをやっていてチームワークが必要な体育会系だったから、今度は個人競技をやろうかと思ったんですよ。高校時代からスキーもやっていたんで、スキー部をのぞきに行ってみたわけ。言い忘れたけど、小学校時代から中学校時代にかけて、ぼくはよく山に登ってました。

鎌田　へぇー！

山極　日曜日になるとね。日曜学校が午前中に終わるとそのまま電車に飛び乗って、青梅《おうめ》とか……。

鎌田　奥多摩《おくたま》の方ですね。

山極　高尾とか。

鎌田　雲取山《くもとりやま》とか？

山極　あれは高いんですけどね。大岳山《おおたけさん》とか雲取山とかに行ったり、自転車に乗って奥多摩へサイクリングへ行ったりしてました。とにかく山が好きだったから、大学でも山岳部のすぐそばにスキー部があって、実はどっちに行こうか迷ったんです。でもともかくまだやったことのないことをやりたいと思ってスキー部に行ったら、ノルディックという競技があって、これは装備にお金はかからない、体力だけで勝負ができる、こっちをやってみるかと。それで九月の終わりくらいに入ったんですよ。最初はマラソンばっかりだったんだけど、一一月の初めに立山合宿というのがあった。雪が降って閉《へい》山《ざん》になるまで二カ月くらいの間に行う新人合宿で、ぼくも参加しました。雷鳥沢《らいちょうざわ》を直滑降《ちょっかっこう》ですべるのが爽快だった。

ノルディックにはまってスキー部に一年半くらいいましたかね。志《し》賀《が》高原《こうげん》に「やまなみ会」（スキー部ＯＢ）のヒュッテ（山小屋）がありましてね、そこに冬はずっと泊まり込んで、試験になると山から下りて試験を受けて、また帰って行くという、スキーのやれる三月末までそんな具合でした。

鎌田　ほとんど授業に出ず？　試験だけの勝負？

山極　試験だけ。前期は雪がないから、四～七月くらいまで真面目に大学に出ますけど。

人類学との出会い

鎌田　当時面白かった講義とか教授を覚えていますか？

山極　自然人類学の講義が面白かったですよ。これは教養部の授業で、今でもあるんですが、そこに出たら杉山

ノルディック

ね。

幸丸《ゆきまる》さんというハルマンラングールというサルの研究をやっている先生が講義を始めたんです。ところがそのうちいなくなって、代理でたぶん同じ研究室だった原子令三《れいぞう》さんという先生が来た。この人はサルではなくヒトの研究をする人で、授業の内容がガラッと変わったんです。当時はシラバスなんてないし、どういう講義なのか全く分からず脈絡《みゃくらく》もなく始まって、予想外の展開をする。そしてまた杉山さんが帰ってきた。インドへ行っていたから真っ黒なんです。いや、あのときはアフリカから帰ってきたのかな。すると自分が体験してきた話ばかりするわけですよ。むちゃくちゃな授業でしたね。

だけど、こういう学問があるんだということを薄々知ったのはこの授業を通じてです。その後、ちいさい頃に培《つちか》った探検欲というか、それがふつふつと甦《よみがえ》ってきたわけですよ。探検というのもあるな、と。

鎌田　京大は探検部も伝統がありますね。

山極　探検部に入ろうとは思ってなかったですが、アフリカに行って、霊長類という未知の動物を相手にする学問があるんだ、と思いました。そのときに、その後ぼくの師匠になる伊谷純一郎《いたにじゅんいちろう》の『ゴリラとピグミーの森』（一九六三年）という岩波新書に出会ったんですよ。おっ、これは凄いなと思って……。

鎌田　それは誰かに紹介されてですか？

山極　いや、古本屋で見つけて。

鎌田 それはいい出会いですね。

山極 あの頃は古本屋ってたくさんあって、そこで本を漁《あさ》るというのは毎日の日課みたいなものでしたよ。

鎌田 日課ね。

山極 何かいいのがあったら、ほんとに五〇円とか百円で買えたわけだし、そこで本を漁ってましたね。読んで凄いなと思って、ふと見たらその本の著者が理学部の先生じゃないか（笑）。おぉーっ、ここにいるじゃないかと思って、ちょっと霊長類学や人類学に興味を向けはじめたわけです。

しかもさらに出会いがあって、さっき志賀高原に「やまなみ会」のヒュッテがあって泊まり込んでいたことを話しましたが、志賀高原の山の上から下りると、地獄谷《じごくだに》温泉というのがあるんですよ。熱泉が噴き上げていて、そこに野猿《やえん》公園があってサルを研究している人がいると聞いたんです。そこの研究者の一人か二人が上の発哺《ほっぽ》温泉の方まで上がって来てサルを見ている。エッ、何をしているんだろうと思った。それは雪の上でしか野生のサルを見られないからなんですね。夏だとクマザサの茂みの中に隠れてしまって見えない。冬だとその茂みがぜんぶ雪の下に隠れてしまうし、なおかつ足跡がつくので追っていける。何の障害物もないから遠くから双眼鏡で見れば、雪原でサルが活動しているのが一目で分かる。だから冬の調査が最適なんです。

逆立ちが大好きだった

鎌田　寒い中でやるんですね。

山極　これはスキーを利用できるじゃないかと、スキーを使いながらサルを追っかけて、これは面白いなと思ってね。そんなこともあって三回生、いや二回生の終わりかな、伊谷さんのところに訪ねて行ったんですよ。

鎌田　直接、研究室に？

山極　同じ理学部で人類学に興味があるやつらがいてね。自然人類学という教室だったんですが、理学部に一号館、二号館、三号館とあって、三号館が動物学、植物学の教室なんです。わりと大きな古めかしい建物で三階まであった。そこからちょっと離れて、変な小さな洋館の建物があって、それが自然人類学研究室だったんです。まだ覚えているけど、入り口がちょっと一段高くなっていて、その前にヤシの木が二本立っているんです。裏には池があって鯉が泳いでた。コロニアル調の洋館で、もともとは標本室だったんですね。それを改造してほんとに小さな部屋に、院生がそれぞれ個室を作って暮らしていました。

そこに人類学をやりたいという同級生たちと四人くらいかな、自主ゼミをやりたいと言って本を紹介してもらいに行ったんです。伊谷さんは助教授だったんですが、たまたまそのときにはいなくて、教授の池田次郎《じろう》先生がいて、いろいろ話を聞いてくれて英語の本を紹介してくれたんです。ウィリアム・ハウエルズの *Mankind in the Making: the Story of Human Evolution*（一九六七年）という本でしたけどね、それをみんなで講読しはじめて、人類生態学研究会というのをつくったわけですよ。

鎌田　学生たちで？　ほぉー。

山極　自主ゼミとしてね。そっちの方が面白くなりそうだからってスキー部をやめた。あの頃スキーをやっていてちょっと引っかかったところがあってね。何かというと、アルペンとノルディックとは全然気風が違うわけですよ。アルペンは金がかかるんです。装備に金が要る、リフト代が要る、その金を集めるためにダンスパーティをやるわけね。いろんな女子大に行ってダンパの券を売るのが嫌でね。ちょっと文化が違うんですよ。ノルディックの方は質実剛健《しつじつごうけん》で、スキー一本あればいい。京都にあの頃ノルディック専門のスキー屋があって、そこへ行くと、折れたスキーを一本千円でつないでくれるんですよ。それがまた通用する。

鎌田　そういう時代のこと、初めて聞きました。スキーって折れても継いだらまた滑れるんですか。いい時代ですねぇ。

山極　ジャンプもやってたんだけど。

鎌田　すごい！

山極　複合競技とかでね。

鎌田　なるほど複合でね。

山極　関西の大会でぼくは四位に入賞したんですよ。でも二回生の三月でやめて、霊長類学、人類学の方をやろうと思った。その頃に同じ人類学ということで知り合ったのが、上野千鶴子《うえのちづこ》さんとか森田三郎《さぶろう》さんたちがやっていた文学部中心の人類学研究会です。上野さんはぼくより二つか三つ上、二回生の頃に四回生だったかな。森田さんは大学院生でしたね。それから洛友《らくゆう》会館で近衛《このえ》ロンドという人類学の研究会を定期的にやっていました。人文研（人文科学研究所）の上山春平《しゅんぺい》さんとか民博《みんぱく》（国立民族学博物館）の梅棹忠夫《うめさおただお》さんとか、伊谷さんも出ていたし、院生たちも農学部や文学部からも来ていて、教養部にいた社会人類学の米山俊直《よねやまとしなお》さんも出ていてね。

鎌田　錚々《そうそう》たる人たちですね、名前をうかがっても。

山極　京大だけじゃなく、大阪市立大の吉良竜夫《きらたつお》さんとか、愛媛大学の藤岡喜愛《よしなる》さんも来てましたから。そういう人たちが毎週とは言わないけれども、月に一、二度集まっていた。ぼくも何回か参加したことがあったけど、それ以外に上野さんや森田さんがやっている研究会にも出て、背伸びをしてレヴィ＝ストロースなんかを一生懸命読んだり。

鎌田　あぁ、そうですか。

山極　それで、フランス語を勉強したんです、日仏会館へ通ってね。その頃はロシア語の熱も冷めていてね。結局、ロシア語の単位はずっと落としつづけて、五回生になってやっと取りました。

鎌田　語学を取らないと卒業できませんものね。

地獄谷のサルの卒業研究

山極　卒業研究では地獄谷のサルをやったんです。

鎌田　あぁ、さっきのね。

地獄谷温泉に入るニホンザル

山極　地獄谷に冬に泊まり込んで。
鎌田　それは先輩と一緒に？
山極　先輩も来てましたが、ぼくはもうちょっとやりたいなと思ったものだから、先輩が帰った後に管理事務所に泊まらせてもらって、ランプを拭いたり、サルの入っている温泉も掃除したりして、二カ月くらい観察させてもらいました。
鎌田　サルが温泉に入るんですか？
山極　入るんです。あそこはサルが温泉に入るというので有名なんです。
鎌田　そうなんですか、へぇーっ。
山極　アメリカの雑誌『ライフ』でも、温泉に入るサルを紹介して、一躍世界で有名になりましたね。
鎌田　それを先生が掃除したわけね、サルの代わりに。
山極　お湯をぜんぶ抜いて掃除して、またお湯を入れて……。

鎌田　人間の温泉と一緒じゃないですか。

山極　掃除してお湯を入れてまずぼくが入る。夜はサルが来ないから。朝になるとサルが山からやって来るんです。

鎌田　面白い。

山極　山の下から二〇キロのリンゴの袋を背負って、二キロの雪道を事務所まで運んだりしてね。そういうことをやらせてもらってタダで泊めてもらったわけです。

鎌田　それで調査して、卒論ですか？

山極　ぼくは特にサルの性行動に興味があって、冬を選んだのはそういう意味もあるんですよ。秋から冬にかけて交尾の季節ですから、交尾期のちょっと前に行ってサルの名前をぜんぶ覚えて、毎日毎日サルの行動を逐一記録する。それが四回生のときです。

鎌田　覚えるのは簡単なんですか？

山極　最初はなかなか覚えられないんです。ただ二週間くらいするとサルの顔が目に入ってくるんですよ。最初はどこに傷があるとか特徴を一生懸命に図に描いて覚えようとするんだけど、それでもなかなか覚えられない。だけどあるときふと、違いが見えちゃうんですよ。

鎌田　ふーん、ふと！

山極　ふと！　その後は全然苦労せずに分かるようになる。後ろ姿でも分かる。

鎌田　へぇー。

山極　不思議なんですけどね。人でも同じようなことを経験したことがあって、アフリカに初めて行ったときに、みんな真っ黒なんで同じ顔に見えるんですよ。しかもわれわれ日本人が顔を覚えるときに、髪型って結構大きな要素なんですね。黒人の方ってみんな髪がチリチリで坊主みたいなもんだから、髪型では覚えられないんですよ。顔で覚えないといけない。それが頭に入るまでにちょっと時間がかかるね。最初、みんな同じ顔に見えて覚えられないんです。少しすると、もちろんサルよりは早いけれども、違いがすぐ分かるようになって覚えられる。

鎌田　それは時間ですか。ずーっと見てるうちにあるときパッと分かるようになる？

山極　サルの顔が夢に出てくるようになれば大丈夫です。毎晩サルの顔が夢に出てきますからね。可愛いサルとか憎らしいサルとか、いろいろなんですよ。顔というのは、ある意味、感情を込めて同化しないと覚えられないんだね。

鎌田　なるほど、感情を込めて、ね。自分の好きなサルも……。

山極　それは圧倒的に覚えますよね。

鎌田　好きなサルについてはくわしく記録するんですか？

山極　いや、記録しませんよ、ただ覚えるだけで。もちろん名前を使って、というか記号を使ってサルの行動をフィールドノートに記録するわけだけれど、顔とか仕草とかはちゃんと頭に入っていますから。可愛いのは、もう仕草もすべて可愛く見えるんですよ。面白いもんでね。ぼくはちょうど性行動をやっていたものだから、初発情を迎えたばかりの三歳とか四歳のサルたちは可愛くてね、ほんとに。

　で、三回生の頃から地獄谷に行って、四回生で卒業研究をやるんですが、そのときに大学院の入試には失敗して落ちるんですよ。

鎌田　落ちるんですか。

山極　一回落ちたんですね。

鎌田　何でですか？

山極　英語が出来なかったね、まず。

鎌田　英語がありますね大学院は。でも英語では落とさないでしょ、理学部では。

山極　たぶん生物も出来なかったと思う。あんまりぼくは生物をやっていないから。高校のときも生物はいい点を取ったことがないし、ずっと物理、化学でやってきましたから。なぜ生物が嫌いかというと、分類とかね、いろんな用語を覚えるのが嫌いでね。実際、生きた植物とか動物とかを見ながら覚えるとアッという間なんだけど、ただ写真とか図鑑的な知識というのは嫌いだったわけね。だから生物は好きになれなかったんですよ。だけど生物を勉強しないと受からないと思って、しようがないから一年留年して再挑戦するんですけど。

鎌田　その間も研究、調査は続けていたんですか？

山極　雪山に行ってサルを研究するのが面白くてね。あの当時のトレンドだったんですよ。だから山スキーを使いながら調査に行って、冬テン（テント）を張ってラッセル（雪をかき分けて進むこと）しながらサルを追いかけるということはやっていましたね。

鎌田　そういう研究成果はやはり洛友会館で発表したりして？

山極　四回生の頃はまだ研究発表もしてないですよ。

鎌田　卒論書いただけ？

山極　卒論書いただけ。いろいろ仲間どうしでは話をしていましたけどね。

鎌田　ほんとに活き活きした学生時代でしたね。

第2講　研究の道へ——サルもゴリラも、日本も世界も

討論の極意「オモロイなぁ」

鎌田　次に、研究の道を歩みはじめてからの様子を伺いたいと思います。大学院での研究、またどうやって専門が定まったかみたいなところはどうでしょう。

山極　卒業研究を始めてから、さっき言った自然人類学研究室という小さな洋館に通いはじめるわけですけど、まず度肝《どぎも》を抜かれたのは、行ってみれば三階建ての最上階が骨を計測する部屋になっていて、これは教授の池田さんの専用の部屋なんですよ。一階が解剖室、暗室、二階が教授・助教授室で、その奥にゼミ室というのがあった。一階と二階に分かれて小さな部屋に院生が住んでいた。そして、ゼミ室にいつも院生がたむろしているわけですよ。そこで卒業研究を発表したり聞いてもらったりしたんだけれど、行ってみると酒瓶は転がってるわ、作りかけのラーメンは放置してあるわ……。

鎌田　まさに梁山泊《りょうざんぱく》ですね。

山極　梁山泊ですよ。当時、掛谷さんという院生がいて、その人があぐらかいてテーブルの上で花札

やってるわけですよ。夜になるとみんな三々五々集まって来て、飯を作ったり、酒を飲んだり、また飲みに出かけるという、そういう感じの場所です。そこにみんな変なものを持ち寄るわけですね。今日はウサギが獲れたと持ち込んで来たり、サルの調査や、生態人類学の調査で日本の海辺や山奥に行って、そこで得た珍味とか食えるか食えないか分からないものを持ち帰って来て、みんなで酒を飲みながら味わうというのが日々の生活でした。

そこで度肝を抜かれたと同時に面白いなと思ったのは、みんな文献についてはほとんど語らない、つまり過去の思想家たちの言葉になかなか触れないんですね。そこで求められているのは、外で発見した新しいこと、自分なりに噛み砕いた体験を語ること。そこでももちろん過去の人の名前が出てきても構わないけれども、お前は何を考えているのか、それはお前の考えなのか、お前のどういう体験から結論が出てきたのか、そういう自分自身の体験と言葉が問われるという、そういう習慣だった。そういったことを、酒を飲みながら徹底的に問われるわけですよ。

自然人類学研究室

そこでは年齢も何も関係なく、若い者でも上の連中に食ってかかる、そういう自由奔放なディスカッションというものを学部時代に体験したんですね。これはまさにオモロイなぁと。これにはいろんなやり方があるし、個人の経験がそこで大きく生きるんだなぁと。討論のやり方も学んだんですね。それまで、東京の学園紛争なんかを通じて、闘い合う討論というのは身についていたから、まずは自分の言葉を防御しなくちゃいけない、なるべく相手を負かすためには相手が知らないことを挙げないといけない、あるいは相手の討論の隙間隙間にくさびを打ち込んでいかなくちゃならない、そういう方法論だったわけだけど。

鎌田　ぼくも大学のとき理学部のゼミで経験したけど、ゼミというのは、「小さい戦争」のようなところがある。自分が何かアイデアをもち寄ると潰しにかかる者がいて、潰されないように必死で防御する。または先制攻撃をしたりもする。攻撃は最大の防御ですからね。そういう意味では先生のおっしゃるのと一緒で、研究というのは楽しいことではなくて、最初に自分の意見と相手の意見がぶつかる「闘争」ですよね。

山極　そうそう。

鎌田　そのとき言葉で、論理とか材料を提供できるか、相手を屈服させられるか、結構シビアな闘いがありますよね。それを学部と修士くらいで経験された？

山極　いや、そこで思ったのは、ぼくが東京で経験してきたディベートではなくて、もうちょっとほんわかとしたディスカッションなんです。

鎌田　京大の方が？

山極　その合言葉というのがね、今でも使っているんだけど、「あ、それオモロイなぁ、ほなやってみなはれ」という言葉なんですね。これは京都弁でないとなかなか通じないところがあるんだけど、オモロイなぁということは支持なんですね。

鎌田　うんうん。

山極　それ、ええな、という、ディベートでなくてダイアローグ、つまり対話ということはお互いの意見が変わることが大きな成果であって、どちらか勝ち負けをつけることが成果ではない。それは近衛ロンドや人類学研究会でも思ったんだけど、新しい意見が出てくると、それを徹底的に追及するのではなくて、それを利用してまた新しい発想を紡いでいくということを一方でやっているわけですね。もちろん不確かな話はどんどん追及するわけだけど、オモロイ発想が出てきたらそれを基に考えてみようという空気になるわけですよ。

鎌田　ヘーゲルの弁証法に出てくる「正反合」じゃないけど、対立だけじゃなくて、その先のオモロイ道が出てきて初めて議論が展開していくと。決してただの闘争だけじゃないんですね。

山極　そうそう。それはありだな、そしたらそれはこういうふうに読み直せるんちゃうかぁとね。そういう発想がどんどん積み重なっていくというのがそこで学んだことで、それは相手をやっつけることではなくて、相手の意見を汲《く》みながら自分の意見を変え、相手の意見もまた変えていくという、そういう共同作業ですね。それがゼミの面白さでもあるし、ゼミの働きでもある、それを学びましたね。

大学院時代の日本列島横断研究

鎌田　山極先生が最初にそのグループに提示した自分の新知見は何だったんですか。

山極　ニホンザルの性行動ですよ。

鎌田　卒論から大学院までその研究を？

山極　卒論が性行動でした。地獄谷のサルを見て、交尾を通じたオスとメスの社会関係には六つのタイプがあることを知り、それが交尾期の間に変わっていくことを示した。オス間、メス間の優劣、血縁関係だけでなく、オスの群れへの滞在期間の長さによって交尾が左右されるんですよ。この経験は、その後ゴリラの調査をしたり家族の進化を考える際にとても参考になりました。

　その後大学院に入ってテーマを変えます。ぼくはその頃まで、京都の嵐山と志賀高原の地獄谷と二地域のニホンザルしか知らなかったから、ちょっと日本列島を歩き回っていろんな地域のサルを知りたいという提案を、教授の池田さんと助教授の伊谷さんにしたわけですよ。そしたら、ただ行くだけじゃ、お前あかんぞと、何か成果を得てこいと言われた。そのとき主任教授の池田さんが非計測的方法というのを使って、ニホンザルの形態的変異を出そうとしていたわけですね。非計測的方法というのは、言葉の通り、計らないんです。あるかないかという特徴を指標にしながら、それを遺伝的な特性ともからめて見ていこうという方法。例えば目の下に白い斑《はん》があるかないか、頭の毛が縮れているか真っ直ぐか。それは計測しなくても目で見えるわけで、計測にはサルを捕まえなくちゃいけないけど、捕まえずに観察するだけで分かる。そういう特徴から地域差を出そうという研究法で、お前やっ

大学院生時代，屋久島

てみないかと言われた。

そのときぼくの執念深さが出てくるわけですよ。小学校六年のときに炭酸同化作用というのを一年かけて執拗に調べたのと同じように、これをやってみようと思って、下北半島《しもきた》から屋久島《やくしま》まで九カ所の地域をめぐることを考えた。それから嵐山《あらしやま》に通って、サルの非計測的特徴を調べるのにどうしたらよいかをまた必死に考えたわけですよ。二カ月くらいかけて個体カードを作って、それを基に日本列島行脚《あんぎゃ》を始めるわけです。各地でサルのことをよく知っている人を探し当てて、猟師の人に聞いたり、森林局の分室を訪ねて情報をとったり、あるいはユースホステルのペアレント（管理者）にその地域のことを聞きながら、下北、房総《ぼうそう》半島、それから志賀高原、湯河原《ゆがわら》、嵐山、小豆島《しょうどしま》、高崎山《たかさきやま》、幸島《こうじま》、そして屋久島と、ずっと渡り歩いていったんです。それが修士のときの研究。

ぼくは別に形態学者になるつもりはなかったんです。実は卒論研究をやるときに、サルの形態は面白いぞと言われて、池田先生にサルの死体を一つ渡されて、お前の好きなようにしろと言うので、じっと眺めてこれはダメだとやめたんですよ。

鎌田　なんでダメだと思ったんですか？

山極　やっぱり死体研究はぼくはダメなんですね。かつて昆虫の標本がダメだったように。

鎌田　確かに、つながりますね。

山極　生きてる動物の行動から見ていくしか向いていないんですよ。

サルの社会学VS行動学

鎌田　生きているものをという、それは当時の研究、学界では主流だったんですか？

山極　行動学というのはまだ世の中には出ていなかった。

鎌田　コンラート・ローレンツとか。

山極　うーん、日本の中でまだ確立されてなかったんです。ちょうどぼくが大学院に入った年に、日《ひ》高敏隆《だかとしたか》先生が京大に来られた。

鎌田　あぁ、そういう年ですか。

山極　それでやっと行動学という名前が出てくるわけですよね。ローレンツとか……。

鎌田　ニコ・ティンバーゲンとか。

山極　欧米から行動学という学問が入ってきた。サル学というのはあくまで社会学だったから、もちろん性行動とかを見ていたわけだけれども、行動学という学問としてやっていたのではない。あくまで社会を描き出すための手段として行動を見ていたわけです。社会関係を見るためには行動を見ないといけない。例えば優劣順位という認識がサルの中にはある。それは行動に反映される。強いサルが出てきたら弱いサルがその場を退くとかね。そういうことを指標に、このサルはこういう社会環境を認識しているという話になるわけ。

鎌田　先生の学問は行動学……。

山極　そのものではない。

鎌田　ということですよね。でも何が違うんですか、もう少し詳しく。日高先生、ティンバーゲン、ローレンツの行動学と、山極先生が性行動を手がかりにサルを観察したのと何が違うのか?

山極　ぼくは社会を研究したいわけですよ。

鎌田　サルの社会学ですね。

山極　つまり個体と個体との関係がどうなっているかの研究です。でも行動学というのは、ある行動がどういうメカニズムで起き、どのように進化をしてきたのかを調べる学問です。個体と個体の関係や個体と集団との関係を調べる学問ではないんです。対象は個体で、進化の文脈では遺伝子になったりする。ぼくのやるサルの社会学というのは、個体どうしや集団どうしの交渉をもとに社会のあり方、社会編成の原理を調べる学問なんです。

鎌田　へぇー。

山極　性行動にしても、一頭のオスが複数のメスといるとしたら、どういう順番でオスはメスと交尾をするのか、そこにサルの社会関係や社会構造が反映されるわけですよね。それを知りたいわけです。このオスとこのメスがどういう行動を示して、その行動がどういう進化をたどったのかを知りたいわけじゃない。

鎌田　なるほど、なるほど。伊谷先生は社会学で、新しく来た日高先生はちょっと違うと。

山極　日高さんは昆虫少年だからね。昆虫の行動に興味があったので、行動学と相性がよかった。

鎌田　あ、そうか、そういうルーツなんですね。理学部の中で全然異質のものだったんですか、日高スクールと伊谷スクールは。

山極　異質です。ゼミすら一緒にやったことないなあ。

鎌田　ぼくら外から見ると一緒になっていて、あんまり分からなかったんだけど。

山極　日高、伊谷というのも犬猿《けんえん》の仲だったし。

鎌田　あぁ、そのへんから知らないんだ、ぼくたち外野は。ぜひ教えてください。

山極　いや、全然違うんですよ。まず伊谷スクールというのは、もともと欧米になかった学問を日本で創ろうという、そういう挑戦的な意識から出発しているわけですね。そもそも社会とか文化というのは動物には認めないという西洋の考え方に反発して、今西錦司さんが人間以外の動物にも社会や文化はあるんだと言い、だからこそ文化の原初的な形態をサルに見る、あるいは社会の原初的な形態をサルのコミュニケーションから調べるというのが日本の霊長類学のやり方だったわけで、あくまで社会なんですよ。しかもこれは人間につなげなければ意味のない話であってね。伊谷さんが動物行動学に反発したのは、西洋で興《おこ》った学問を日本に定着させる普通のやり方をしているにすぎないと。だから日本で目の色を変えてやる必要がないというわけですよ。

鎌田　それまた、なんで？

山極　だって、日本で理論的にあまり付け加える新しい発見が望めそうにないと思ったからです。西洋で興った学問を日本で定着させるために学会をつくって、一生懸命その信奉者を集めても、新しい学問を創るという野心は満たせないわけでしょ。その直後に、社会生物学がさっそうと登場するんですけどね。

鎌田　エドワード・O・ウィルソンとか？

山極　ウィルソンとかね、伊谷さん大嫌いだったんです。

鎌田　そういうことなんですか。

山極　今西さんは心理学も大嫌いだった。

鎌田　先生、ここで講義をしてちょっと分類してください。京大学派として伊谷先生がいる、山極先生もいる。そして日高先生はローレンツの方で、ローレンツの仕事はノーベル賞を取ったすごく大きな成果とぼくらは思ってます。それからもう一つウィルソンの学問があって、その三つがどうなってるのか、基礎的な講義をお願いします。

山極　どうなってると言われると何ですが、霊長類学のルーツというのは人類学であって、昆虫には向かわないわけですよ。あくまで人間に与えられていた社会とか文化というものが人間以外の動物から立ち上がってきたそのルーツを調べたいという動機で出発したんです。だからせいぜい対象にしたのは哺乳類までなんですね。今西さんはもともとヒラタカゲロウの研究で学位を取った人ですから、昆虫少年でもあったわけですよ。だけど今西さんが動物社会学で対象にしたのは、あくまで哺乳類からなんです。それは人間との連続性を調べたかったからです。行動学というのはそうではなくて、昆虫から貝から爬虫類から両生類からすべて、ある動物種の行動がどういうメカニズムでどんな体の構造と結びつき、進化のどういう経路をとってきたのか、生理、遺伝も含めて調べる学問なんです。

鎌田　彼らは人間というか霊長類は扱わないんですか？

山極　基本的に扱わない。

鎌田　それは避けているんですか？

山極　難しいからです。

鎌田　あまりにも文化的要素があり過ぎるから、ですか？

山極　だって遺伝を調べるにしてもデータにしにくいし、そもそも実験できないじゃないですか。

鎌田　はぁー、そうですね。

山極　世代間隔がすごく長いし、一〇年もかかる動物の遺伝を調べていたらなかなか結果を得られない。だからショウジョウバエとか数週間で世代が積み重なるような生物を対象にするというのが真っ当ですよね。

鎌田　ではある意味、対象で分けられるんですね、行動学とは。

山極　一九六七年に霊長類研究所が出来て、だいぶ実験系も増えてきたんだけど、最初はフィールドからなんですよ、霊長類学は。野外で餌付けという実験的な手法を使いながらも、サルの自然な行動を観察しながら、個体と個体との交渉を社会の考察につなげる方法なんです。文化なんて目に見えないし、社会だって目に見えない。それはある意味、仲間どうしの間に合意され共有された計画性なんですよ。個体と個体のやり取りに反映されている目に見えない構造なんですね。血縁関係なんかも見えないじゃないですか。でも行動を見ていれば、彼らが血縁者と非血縁者を区別しているのが分かる。そういうことを読み解きながら彼らの社会に通底する編成原理とは何かということを調べること、そこから今の人間社会とか家族という普遍的なものをつくるのにどういうふうな初原の形態があったのかを類推していくのが京大の霊長類学の基本的な路線なんです。

VS社会生物学

鎌田　じゃ、もう一つのウィルソンの社会生物学、あれも人間を扱いますよね。
山極　でも人間を扱うことが目的ではない。
鎌田　どう違うんですか？
山極　あれはね、昆虫をやっていたウィルソンから始まるんですよ。
鎌田　エッ、やっぱりそうなんですか。
山極　今西さんと発想は似ている。今西さんはアリやハチなどの社会性昆虫を超個体的個体と呼んだわけです。一つ一つの個体に分かれるんだけど、中には不妊の個体を含んでいたり、一つの女王からぜんぶが出来ていたり、全体がまた一つの個体のようにまとまる社会をつくっている。だからこれはまさに個体のような社会と言えるものなんですね。だけども単独で生活しているような爬虫類だとか、動かない植物なんかは、個体どうしが応答可能な社会をもっているかどうか分からないわけじゃないですか。だけど今西さんは、すべての生物が社会をもっているはずだと一九四一年に出した『生物の世界』（弘文堂書房。現在、講談社文庫として出ている）では言ったわけですね。だから目に見える社会を社会と呼ぶ西洋の言い方に反発して、見えないまとまりも含めてすべての生物は社会をもっているんだという定義から出発したわけね。

鎌田　なるほど。

山極　社会生物学というのは、もともと個体の間の応答が探知できるものから出発するわけですよ。個体の行動が進化するには個体の生存と繁殖《はんしょく》に寄与しないといけない。でも利他的な行動のように、明らかに個体の生存に寄与しない行動がある。あるいは繁殖に寄与しない行動がある。これはなぜかということを解明するために社会という概念をもってきたわけですよ。つまり遺伝的に近縁な個体であれば、利他的な行動は血縁選択の理論から説明できる。社会というのはそういうふうに個体の生存・繁殖戦略の表現系として出来ている。しかも、ＤＮＡの発見という現象が並行してあって、個体というレベルだけでなく遺伝子というレベル、個体は遺伝子の乗り物なんだという視点から、複数の個体に通底した遺伝子の戦略の結果と見ることもできる。

鎌田　動機に利己的で、と言うんですか……。

山極　そういうふうに社会を見ようという話なんです。

鎌田　先生の学派からすると、社会生物学はどういうふうに位置付け、もしくは批判をされるんですか。

山極　別に批判はしませんよ。でも、われわれが目標にしているのは自分自身が含まれる社会を理解したいということなんですよ。だから霊長類の五感を通じた認知という問題に関わってくるんです。コミュニケーションと社会の進化がその研究対象なんですが、嗅覚を使ったコミュニケーションはわれわれには分かりにくい。なぜならわれわれはサルと似た五感をもっているからです。サルにとって視覚コミュニケーションというのが第一であって、すべて視覚に還元されるような認識の仕方をしてしまう。その感性で社会というものを認知しているわけでしょ。それは昆虫の認知の仕方と違う。

鎌田　あぁ、そうですか。

山極　でもそういった違いは社会生物学にとってはどうでもいいことであって、社会というつながりが捻出できるようなコミュニケーションの機能から、その進化の道筋を探ることになる。人間社会の理解が目標ではないので、われわれとはかなり路線が違うということになります。

屋久島でのサルの社会研究

鎌田　なるほど。では少し話を大学院時代の研究に戻していただいて。

山極　ニホンザルの非計測的特徴をマークシートにチェックしながら日本列島をずーっと歩いて、その結果をコンピューターに入れて、あの頃まで、いわゆるパンチカードに打って情報分析センターまでもっていったんです。

鎌田　大変な時代でした、エッサ、エッサね（笑）。今ならスマホで出来るのに。

山極　一応論文も書いたんですよ。日本の中では非常に孤立したニホンザルの個体群に変異の高い特徴がある、それはどこでどういう特徴かというトピックを中心に書きました。でもそれがぼくの研究の大目的ではなく、要するにぼくは形態の変異はもちろんだけれども、社会の変異というのがニホンザルの間にあるんだろうかということが関心の中心だったんですね。下北から屋久島まで、環境条件が全く違う。志賀高原なんか冬には三メートルの積雪がある。食べる物は春、夏、秋、特に秋に集中している。ところが鹿児島県の屋久島では雪も降らないし一年中食べる物にも困らない。これだけ環境が違うのだから、すべてのニホンザルが同じ暮らしをしているとは思えない。だからその違いは必ず社会に反映されるはずだと考えた。

それを地元の人たちはどう見ているのか、野生のサルというのは人間を怖れていて、ほとんど見られない状態だから、地元の人たちあるいは野猿公園に勤めている人たちにも話を聞きながらずっと歩いて回った。これは結構変異はあるな、という印象をもちましたね。だから今度はニホンザルの社会を研究しようかなと修士の二年くらいに思って、どこでやろうかと考えたときに、屋久島のサルがいいと思った。いちばん美しかったのでね。

鎌田　へぇー。

山極　しかも自然条件が圧倒的によかった。日本列島を訪ねて思ったのは、どこもかしこも、ニホンザルは人間の影響なしには暮らせない状況になっていたということですね。

鎌田　なるほど。

山極　どこかで人間の影響を強く受けているわけですが、屋久島ではそれがいちばん少なかった。サルが自然状態で暮らしている。その他の地域ではサルの群れが孤立している条件のところが多かったんですね。本来サルは孤立した条件で生きているわけではなくて、複数の群れが連なり合って暮らしているのが自然の姿で、だったらそれが見られる屋久島で研究したいなと思ったわけです。

ちょうどぼくの同僚の丸橋珠樹《たまき》が霊長研の大学院に進んだんですけど、その頃サルをやっている研究室というと、京都大学の霊長類研究所、東京大学の人類学研究室、京大本部の自然人類学研究室、この三つしかなかったんですね。同窓には東大の研究室に行っていて、西田利貞《としさだ》さんという当時東大の助教授だったかな、その弟子の長谷川（当時平岩）眞理《まり》子《こ》とか長谷川寿一《としかず》がいて、まぁ長谷川君は心理学ですけど、他に東大紛

争の主役だった島（当時岩野）泰三《たいぞう》が、房総でニホンザルの野外研究をやっていた。ぼくも見に行きました。

屋久島では、丸橋がサルの生態研究をぼくより一年前に始めていて、だけど彼はドクターになったらエチオピアにマントヒヒの調査に行くことになっていた。だから現場を離れるというので、じゃその後を引き継いでやろうと。ぼくは生態より社会に興味があったので、まだサルはきちんと人馴れしていなかったんだけど、餌付けをせずに研究しました。当時、餌付けをしないで自然状態のサルを見て、彼らの社会構造を描き出そうという試みが主流になりつつあった。それまでは餌付けの社会学だったわけでね、餌をやってサルをオープンな見やすい場所におびき出して、個体どうしの交渉を記録しながら社会構造を描き出すという。

鎌田　有名なイモ洗いなんかはそういう……。

山極　そうです。それはサルを間近で見るために餌をやった副産物なんだけどね、たまたまイモを餌として与えていたら、偶然新しい行動が個体間に伝播《でんぱ》していくという現象が見られ、これをプリカルチャーと呼ぼうという話になったんです。でも餌付けしていては本当のサルの社会構造は分からないのではないかと思ったんです。というのは、何を、いつ、

どこで、どのようにして、誰と食べるかという五つの課題を解決するようにサルの暮らしは成り立っている。つまり一日の半分以上を食べることに費やしているわけだから、食べる物を人間がコントロールしちゃったら、サルの関係も変わっちゃうじゃないかと。社会そのものが人為的な影響を受けてしまうじゃないかと思ったわけです。

鎌田　アッ、そういう根本的な問題なんですね。

山極　だから餌を与えずに、サルが自分の力で仲間たちと一緒に餌を食べながら移動している姿の中に彼らの社会を見出そうという考えなんですよ。それは大変な作業なんですが。

鎌田　屋久島は可能だったんですか?

山極　屋久島は二つの条件で可能でした。一つは、北の方にある落葉広葉樹林と違って屋久島にある照葉樹林というのは樹冠が極めて密だから、太陽光が地面までなかなか降りていかないで、下生えが希薄なんですよ。だから見渡せるわけ。サルの姿を追えるんです。歩きやすい（前頁写真）。信州のクマザサが密生した山の斜面はとても歩けない。サルを追って行けないんですよ。でも屋久島ではそれが可能だった。もう一つは、サルの遊動域自体が非常に小さいわけです。下北だと一群の遊動域が三〇～四〇平方キロあるんです。屋久島だとそれがせいぜい一平方キロです。

鎌田　なるほど。

山極　だからどこかで見失っても、ウロウロしてればまた出会えるんですよ。そのかわり急峻《きゅうしゅん》の山を駆け巡らないといけないので体力が要るわけで大変でした。

鎌田　今の話だと、論文になりやすいというか、自分の目的に沿って研究成果にするには屋久島しかなかったんですね。
山極　そうですね。
鎌田　それが最初の論文になった？
山極　最初の論文は非計測的特徴ですよ。
鎌田　一九七九年「ニホンザルにみられる外形特徴について」（和文）ですね。
山極　それがマスターでやった研究です。
鎌田　ドクターの研究が今の屋久島ですか？
山極　そうです。
鎌田　公表は英語で？
山極　もちろん英語です。

群れ分裂の発見

山極　ところが丸橋から引き継いだ群れを、ぼくと、アフリカでボノボの研究をしていて帰ってきたばかりの黒田末寿《すえひさ》さんと二人でやりだしたところ、どうも様子がおかしいということが分かった。以前、丸橋と対象群を見てたときは四〇頭以上の個体がいたのに、どう数えても二〇頭くらいしかいないんですよ。おかしいなと。で、そのうち、どうも知っているサルたちが二つの群れに分かれている。

あるいは同じサルがある日はこっちの群れにいて、ある日は別の群れにいるという変な状態が起こっているわけです。なんだろうなこれ、というんで、夏に休みをとった同僚が三人いたから呼んで五人で一斉調査をやったわけです。するとどうも分裂しているらしいということが分かった。これは面白いと。

それまでサルの群れの分裂現象は何回か観察されていたんですが、すべて餌付け群で、百頭を超える群れでないと分裂しない。ところが四〇頭前後で分裂しているというのは、何かこれまで見てきた餌付け群とは違うことが起こっているに違いない。しかも本来は交尾期には分裂はしないということだったのに、ぼくらが見たのは交尾期なんです。ますますおかしいという話になった。

そのうちエチオピアでクーデターが起こってマントヒヒの調査に向かうはずだった丸橋が行けなくなって屋久島に戻ってきたわけですよ。じゃ三人でやろうという話になって、三人でそれぞれの分裂群を追って調査を始めました。そのうち、追っていた群れがまた分裂するんです。一〇頭くらいの群れと二〇頭近い群れが出来たんです。

鎌田　それは異常なことなんですか、それともよく起こることなんですか?

山極　その後の調査で、屋久島ではよく起こっていることが分かったんです。屋久島以外ではそんな小さな群れで分裂は起こらない。しかもびっくりしたことに、交尾期になると群れ外のオス（非交尾期にその群れに属していなかったオス）がやってくるんです、群れの周りに。ところが屋久島の群れは、非交尾期にはオスの数とメスの数はほぼ一緒なんです。一対一なんですよ。だから群れ外のオスがたくさんでやってくるというのはありえないんです。ところが群れオスの五倍、六倍の群れ外オスがやって来たんですよ。おかしい、こいつら一体どこからやって来るんだと。

それまでの本土のニホンザルの常識では、オスは群れに存在するか、あるいは群れの外に出て一頭だけになるか、あるいはオスグループを組むか、それしかなかったんです。屋久島では違うことが起こっている。交尾期が始まるまでは群れに所属していたオスが、交尾期が始まると群れを出て、自分の群れを出たり入ったり、しかも別の群れにも入っちゃう、そういうことが起こっているんじゃないかと。結局それはその通りだったんだけど、面白いというんで群れ外のオスもぜんぶ個体識別をして名前をつけて調べはじめたわけです。

鎌田　それは次の仕事になるんですか、違う論文になるんですか？

山極　いや、同じ論文です。性行動の、性と社会の関係。一九八五年、ぼくがアフリカに行って帰ってきてから出した論文なんですけどね。屋久島ではそういう話がどんどん起きてきた。もう一つ別の意味で面白かったのは、屋久島での暮らしです。ぼくらがやっていた調査地というのは屋久島の西海岸で、永田《ながた》部落と栗生《くりお》部落というのが二五キロくらい離れているんですが、ちょうどその中間地点にあった。人が住んでいない照葉樹林がびっしりと広がっていた。最初はテント生活をしていたんだけど、長期間それはとても無理だというんで永田部落の中に一軒空き家を借りたんです。あの頃過疎《かそ》化が進んでいたから空き家がいっぱいあったんです。そこに暮らしはじめたんだけど、金がなくて食うにも困っていたから夜釣《よづ》りをしたわけですよ。

鎌田　ほぉー。

山極　夜釣りで釣った魚を食う。あるいはいい魚が釣れたら近所へもって行って、そこで飯も食わせてもらい焼酎も飲ませてもらうということを続けていくと、村の人たちとすごく親しくなりますよね。中にはうちの下宿まで焼酎をもってやって来て一緒に飲む人も出てきて、この瀬はいい魚がやってくるからと潜りの仕方も教えてもらったり、日常生活もとても楽しく過ごせたんです。村の運動会にもサルチームでリレーに出たりして参加していました。

マスター時代生活記

鎌田　そもそも九カ所をめぐるとき、旅費というかお金はどうしてたんですか？

山極　人類学研究室には伝統があって、一回生はいろいろやらせてやろう、金はつくってやろうと。だから当時は池田さんが自分の研究費をぼくの旅費に充ててくれてたんですね。二回生くらいになったら自分で稼げと。

鎌田　どうやって稼ぐんです？

山極　霊長類研究所というのは共同利用研究所なんです。学生でも共同利用研究員を申し込むと、審査されて研究費をつけてくれる。

鎌田　はぁ、分かります。よくありますね、学内の研究費。

山極　いや、学外もそうなんですよ。

鎌田　学外も？　あぁそうか、共同利用だから。
山極　ぼくは修士課程の一回生の終わりからそれを申し込んで、二回生からは旅費を確保したんです。
鎌田　アルバイトは？
山極　アルバイトはしなかった。
鎌田　全然？
山極　全然しなかった。学部のときはやってましたよ。家庭教師を二つやってたなぁ。小学生と高校生を教えていたから。トンネルで微地震を計るバイトとか料理旅館の雑用とかいろいろやりましたね。
鎌田　大学院の五年間は？
山極　大学院に入ったらもうやらない。だってやってる……。
鎌田　時間ないですね。
山極　ほとんどフィールドに出てるから。
鎌田　科研費や何やからお金をとるわけですね、大学院生とはいえ。
山極　もちろんそうです。だからぼくは霊長研の共同利用研究員としてそういうアプリケーション（申請書）を書いて……。
鎌田　何十万、何百万とかもらって……。
山極　何百万もいかないんだけど、フィールドワークのためにお金を助成してもらったんですよ。だから下宿は引き払いました。

鎌田　えっ。そしたらどこで暮らしてたんです？

山極　屋久島で暮らしてました。

鎌田　あ、その期間は屋久島に何カ月とか？

山極　九カ月いました。修士一回生のときも日本列島をずっと歩いていたわけだから、下宿を引き払って荷物は研究室に放り込んで、京都に帰ってきたら研究室で寝てたんです。

鎌田　私物は研究室に放り込んで、そこで寝て、ほとんど放浪生活ですね。へぇー。

山極　ぼくが与えられた部屋というのは三階に通じる階段のすぐ下にあって、二畳くらいのスペースなんですよ。そこに机と椅子と小さな本棚があった。それだけなんですけど、ぼくはそこに寝てたんですよ。寝るときは椅子をドアの外に出して、そこにドリームベッドを置いて机の下に足を入れて寝てた。

鎌田　へぇー。

山極　朝になると掃除のおじさんが来て、一緒にお茶を飲んで、新聞読んだり勉強したり、夜になると助手や先輩と酒を飲みに行って、帰ってきたら研究室のシャワーを浴びてね。サルの解剖をしているからシャワールームがあるんですよ。

鎌田　五年間下宿代は要らないと。

山極　そうです。

鎌田　すごい！

山極　それは今の立場では、あんまり言えないんですけどね。

鎌田　のちに先生が教授になってそれを学生たちに言うと、どういう反応が来ます?

山極　院生はみんな長期にフィールドに出かけるでしょう。一年くらい行かせるんですよ。帰ってきてすぐには下宿がないからしばらく寝泊りしてるのもいるんじゃないかな。

鎌田　あぁ、やっぱりそうですか。

山極　それはやむにやまれずというところもある。

鎌田　そういう伝統が京都大学理学部にちゃんとあるんですね。

山極　まぁ、見て見ぬふりをしている。

鎌田　見て見ぬふり、管理者としては(笑)。

山極　あんまり容認しているとは言えないからね。

今西・伊谷論争とゴリラ研究への道

山極　屋久島では新しい発見つづきで、生活も楽しくて、ニホンザルというのもだんだん分かってきたなという思いはあったんですね。でもぼく自身のテーマは、学部時代からそうなんだけど、やっぱり家族の起源を探ること。

鎌田　やっぱりね。

山極　ぼくがまだ学部生の頃、毎年ホミニゼーション研究会というのを霊長類研究所でやっていたん

ゴリラを観察しはじめた頃

ダイアン・フォッシー

です。今西さんがまだ元気で、京大から離れて岐阜大の学長をされていましたけど、研究会には出てきて伊谷さんや中堅の学者たちと激しい討論をやってたんです。これが一九七五年だったかな。当時、ゴリラのデータというのは一九六三年に出たジョージ・シャラーの『マウンテンゴリラ』というモノグラフのようなものしかなかったんです。一九六七年からダイアン・フォッシーというアメリカ人の女性研究者がシャラーの後、ルワンダのヴィルンガ火山群に入って新しい観察データを出しはじめていたわけですね。あんまり論文になっていなかったんだけど、そのフォッシーが発表したシンポジウムに出た伊谷さんが衝撃の報告をもって帰ってきて、ホミニゼーション研究会で発表したわけです。

それは何だったかというと、ゴリラには子殺しがあると。それまでシャラーの発表したモノグラフでは、ゴリラの集団にはテリトリーがなく複数の集団が入り乱れていて、仲良く共存しているという話だった。ところがダイアン・フォッシーの発表によるとそうではなくて、テリトリー自体はないんだけど、ゴリラの集団どうしは非常に強い敵対関係にあって、オスが子どもを殺して、その子どもの母親を奪おうというような行動がある。そういう性質をもった非常に緊張に満ちた社会であると。この新しい発見によってシャラーの報告を塗り直さないといけないということを発表したわけです。すると今西さんが怒って、そんなことはあるまい、シャラーが間違っていてダイアン・フォッシーが正しいとここで判断する必要はない、両方正しいんだというようなことを言ったんですね。

それで論争になったわけですけど、それを見ていて面白いなと思ったんですね。つまりそれまで、ぼくがやろうと思っていたのはニホンザルの地域研究だったんです。社会には環境条件によって変異があるだろうと思っていたし、実際そういう証拠もある。例えばその当時ぼくが見ていたのは嵐山と地獄谷だったんだけど、これは明らかに違う。だけど伊谷さんの発表というのは、同じ地域で時代によっては群の間の関係も、群の構成も違うということです。これは非常に短期間のうちに内部の要因で社会が変わるのかもしれないというヒントを得た気がしたんです。これは面白いなと思った。これは人間の社会に近い、人間の社会も同じじゃないかと。

鎌田　あぁ、そうかそうか。

山極　内部の要因でドラスティックに、劇的に変わる、そういう性質をゴリラの社会はもっているかもしれない。普通なら考えるでしょう、嵐山のサルはずっと嵐山のサルだし、地獄谷のサルはずっと地獄谷のサルだと。ぼくもサルの社会は変わらず安定していると考えていたのに、そうではないという話になってきた。

鎌田　ダイナミックなのが初めて見えてきました。

山極　社会がフレキシブルな構造をもっているということですね。

鎌田　フレキシブルね。ふーん。

山極　そのときにゴリラというものに特別な感情が湧《わ》いたんですよ。しかも今西さんはゴリラに対して強い思いを抱いていたんですね。家族の起源というのはチンパンジーでもオランウータンでもテナガザルでもなくて、やっぱりゴリラなんだと。ゴリラに類家族という名称を与えたくらいですから。でも今西さんが当初予想していた、オスが集団間を渡り歩いて入り婿みたいな形で新しい家族をつくっていくというのは、オスが他の群れに入ることがないので否定されちゃったわけですよ。じゃ、もっと新しい進化の経路というのがあるんじゃないかというのがその後ずっと頭に残っていて、屋久島の中でニホンザルのことを見ながら膨らませていったのは社会の変異というアイデアです。やはりニホンザルというのは人間から遠いんですよ。もうちょっと人間に近い類人猿の社会を調べたいなという気持ちが強くなった。

鎌田　なるほど。

山極　で、屋久島から帰ってきたときに、伊谷さんからゴリラをやってみないかと言われたわけです。伊谷さんもダイアン・フォッシーの発表を聞きながらゴリラに再注目していたんです。だけどダイアン・フォッシーたちがやっているやり方は決して社会を調べる方法じゃなかった。子殺しはオスの繁殖戦略（他のオスが生ませた赤ん坊を殺して、その母親のお乳を止め、発情を早めて自分の子どもを作らせる）で解釈されていたわけだけど、それを社会につなげてダイアン・フォッシーは考えていないわけです。ヨーロッパの学者は行動を個体の繁殖戦略に結び付けて考えるので、ぼくは社会という観点からゴリラの研究をしたい。でも、シャラーも調査したその地域に研究対象が限られているのでは地域差というものから社会の変異を見ることができない。だから山極、お前は違う場所に行けと。

鎌田　ふーん。

山極　当時、ザイール（現コンゴ民主共和国）にカフジ山という場所があって、そこでゴリラが見られるというんで、毎日新聞の記者と日本映像記録という映画会社が記録映画を撮りに行ったんですよ。

それが一九七六年だったと思いますが、この日本映像記録の社長が牛山純一《うしやまじゅんいち》といって、実は伊谷さんと仲良しなんですね。同じ純一と純一郎だからね（笑）、すごく気が合った。日本映像記録のディレクターやカメラマンというのは荒くればっかりで、酒飲みで、それも伊谷さんは気にいって、彼らが行った場所にお前行ってみろと言われた。そこではまだ何も社会に関する調査がされたことがない。七〇年代の初めにマイケル・カシミールとアラン・グドールというドイツ人とイギリス人の学者がゴリラの食べ物については調査をしているけど、社会については何の記述もない。それでやってこいと言われて、面白そうだと思ってね。

鎌田　山極先生のところに白羽の矢が立ったのはなぜなんです？　他にも大学院生はいっぱいいたでしょう。なんで先生に？

山極　いちばん体が大きかったからです。

鎌田　えっ、そうなんですか（笑）。

山極　屋久島をはじめとして、日本列島を歩いていろんな連中と渡り合ってきたので、その評判も聞いていたはずですね。どこへ行っても酒飲んで……。

鎌田　彼ならどこでもやっていけると。

山極　ケンカもしたしね。小豆島ではぼくは一時行方不明になっているんです。台風が来てね、いま山極が小豆島で調査しているはずだよなという噂にはなったらしいんだけど誰も気にしなかったから、二週間音信不通のままだったんですよ。ぼくは小豆島の銚子渓《ちょうしけい》でニホンザルの調査をしていて、台風が来て道路が寸断されてしまったからそこのユースホステルに缶詰めになっていて、道路がやっと復旧したら今度はユースホステルの人が地元の村で復旧活動をするというので、手伝っていたんですよ。

鎌田　大学には連絡しなかった？

山極　しなかった。誰も知らないまま帰ってきて、お前どこへ行ってた、よく大丈夫だったなと。そういう話もあったから、こいつだったら何とかなるだろうと。

鎌田　パイオニア人事はいつも山極先生に振ってくる。白羽の矢が立つわけですね。

山極　それ以後ずっとそうですね。

鎌田　その後の研究も？

山極　研究よりもいろんな荒仕事が回ってくるんです。つまり、にっちもさっちも行かなくなったら山極を抜擢しようと。

鎌田　総長も一緒でしたね？（笑）じゃ、ここで一旦休憩を。

こぼれ対談① 日高敏隆の軽やかさ

鎌田　山極先生には、ぼくが『世界がわかる理系の名著』（文春新書、二〇〇九年）の原稿を書いたとき、ヤーコプ・フォン・ユクスキュールの章をみていただきましたね。アフリカ調査からの帰国直後のお忙しい時期でしたが、謝辞を書かせていただきました。

山極　ユクスキュールに注目するのは現在ではめずらしい。でもそこは本質だと思うんですよ。環世界（すべての生物に同じ環境があるのではなく、それぞれの種が認知した個別の環境があるという考え）に注目したのはユクスキュールが初めてだし、ぼくもさっき今西さんの話をしましたけど、ユクスキュールと同時代の今西さんがそれを知らないはずがない。今西さんってドイツ語もフランス語もできたんですよ。すべての文献を読み込んで、非常に読書家だったんです。だからユクスキュールを読んでないはずがないんだけど、実は全く引用していない。

鎌田　知ってて引用しなかった？　あらー、そうですか。

山極　それが今西さんの人生を通じてのタクティクスですね。あまりにも似たものは引用しない。だから今西さんはジョージ・マードックも引用しないし、ユクスキュールも引用しない。

鎌田　それは知りませんでした。

山極　そうなんです。対立するのは引用するんです。

鎌田　そうだったんですか。ここで研究者としてのしがらみがちょっと見えますね。つまり、自分と対立する研究だけ引用するのは、その方が論を立てやすいからですよね。オリジナルを主張せざるをえない論文は、えてしてそうなりやすい。

山極　今西さんのあの頃の講義ノートというか講義記録を見ると、ほとんどが日本語ではなくドイツ語や英語で書いてあるんですよ。

鎌田　そういう時代でしたか。

山極　非常に語学力に長けていた。喋る方は不得意でしたよ。でも原書でほとんどの本を読んでいた。

鎌田　なるほど、ユクスキュールを読んでないわけはないんですね、あれだけ有名だし。ちなみに、日高先生が岩波文庫でみごとな翻訳を出して、それで京大に来て、今西門下とは対立したんでしたっけ。そのあたりをユクスキュールのファンとしては是非お聞きしたいです。

山極　ぼくは日高さんが大好きだった。日高さんの弟子外の弟子なんです、ぼくは。

鎌田　へぇー、隠れ弟子？

山極　日高さんはぼくを伊谷門下と知りながら可愛がってくれた。それはなぜかというと、通じるところがあったんです。つまりマイノリティであるということ。日高さんもずっとパージされ続けていたから。

鎌田　東大で、干されて干されて。

山極　そのときに翻訳の仕事を岩波でやり続けながら科学界とかろうじてコンタクトをもっていた時代があったわけですね。それを乗り越えて自分が活躍できる場所を得た。それが京都なんです。京都でやったことというのは、とにかく自分の信じることは何度でも繰り返し言うこと。ぼくは伊谷門下にいたから、今西さんからずっと伝えられていることというのは、同じことを繰り返し言うな、停滞するな発展しろということなんです。でも日高さんから言われたことは、おまえが信じることは何度繰り返してもいいと。

鎌田　それはいい話ですね、ぼくも同感です。ぼく自身は南海トラフ巨大地震や富士山噴火に備える活動を研究の中心に据えた。市民に分かりやすく伝えて、人々の腰が動いて事前準備するところまでもってゆきたい。でも、話をかみくだいて分かりやすく伝えたとたんに、背後から研究者の矢が刺さる。「もっと細かい数字を出せ」とか「言いすぎだ」とか（『日本の地下で何が起きているのか』岩波書店、二〇一七年）。しかし日高さんが言ったように信じることは繰り返すべきだし、その結果として、「西日本大震災は必ずくる」「富士山は噴火スタンバイ状態」というフレーズが市民に定着したんです。だから日高さんのメッセージはアウトリーチの基本ですよね、ある意味では。

山極　ぼく自身は、伊谷さんたちがやっていたチンパンジーやボノボの霊長類研究、狩猟採集民や牧畜民などの生態人類学研究から少し離れてゴリラを始めたわけですね。だから周りに新しい発見や理論が常にあるわけではなくて、自分が常に西洋の学問と対決しながら、自分なりの土俵を確保していくこと、それを繰り返し確認しなくちゃならない。それは日高さんと全く同じなんです。

鎌田　そうですね、ほんとだ。

山極　日高さんは、西洋の学問と出会い、それと対決しながら自分の立場を築いていったんですね。ぼくは日本人が切り開いたフィールドではなくて、西洋人が切り開いたフィールドの中で自分の独自の立場を作った。そこの類似性をね、日高さんは見抜いたと思うんです。だからすごく可愛がってもらった。

鎌田　へぇー、同志ですよね。若き同志。

山極　伊谷さんにないものを、ぼくは日高さんに見たんです。伊谷さんのように、自分で学問をつくっていく人って重いんです。日高さんは軽やかなんです。それが人間関係にも女性関係にも現われている。カッコイイんです。ファッショナブルなんです。

鎌田　ファッショナブルね。

山極　学問がファッションだというのは、ぼくは日高さんを通じて学んだ。つまり研究を見通すということを理論ではなくファッションとしてやる。学問がファッションだというのは日高さんのポリシーですよ、きっと。誰も言わないけど。

鎌田　それはすごくよく分かる。ぼくも学問のファッション性を大事にしています。そうしないと若い学生や大衆を惹《ひ》きつけられない。やっぱり大衆をある程度惹きつけないと勝てないんですよ、この試合は。

山極　それもね、伊谷さんと日高さんの立場の違

いだったんです。伊谷さんは日本発の学問をとにかく理論的にきちんと……。
鎌田　守ってね、今西さんの。
山極　日高さんが軽やかだったのは、それがもともと西洋発の学問で、味をつけ、しかも日本独自の物語をつくらなくちゃいけないときにファッションが必要だったからなんです。象徴と装いが必要だったんですね。それを日高さんは成功させたんです。ぼくは小長谷《こながや》（有紀《ゆき》）さんと一緒につくった『日高敏隆の口説き文句』（岩波書店、二〇一〇年）で「日高敏隆は空気のような存在」と呼んだけど、つまりそれは褒め言葉なんですよ。同じ印象をぼくは、この前亡くなったロック歌手の、なんだっけ……。
鎌田　マイケル・ジャクソン？
山極　マイケル・ジャクソンと一緒だと思うんです。マイケル・ジャクソンの重力を感じないような……。
鎌田　ははぁ、ムーンウォークね。楽々悠々《らくらくゆうゆう》ですね（笑）。

山極　同じような軽さを日高敏隆に抱いた。それはね、学問というのは楽しいものだということですよ。日高敏隆は本当にあらゆるものを楽しんだわけです。彼は即興で話をするのがすごくうまかった。何でも自分の話題にひきつけて話すことができた。話術の天才ですよ。だから女の子にはモテたんです。『日高敏隆の口説き文句』の中に出てくる最初の話題というのは、心理学者の岸田秀《しゅう》さんがストラスブールで同じ下宿にいたら、日高敏隆がよく女の子を連れて帰ってきて、事もあろうに自分のところに来てワインをいっしょに飲み、翌朝また自分のところに来てコーヒーをいっしょに飲む慣例になっていたという、この恰好良さにあきれたと書いています。ぼくが大学院生だった頃、百万遍《ひゃくまんべん》にある梁山泊という飲み屋が日高さんの出没場所で、安かったし、ぼくらよく飲みに行ってたんですよ。そのわきで日高さんが女の子を口説いてたのを何度も目撃している。

鎌田　そういう時代ですか。いやぁー。

山極　日高さんの軽やかさとファッショナブルなセンス、それで学問に憧れるというのも出てくるわけです。それが新しい学問をつくる方法の一つなんです。それは伊谷さんとは両極端でした。伊谷さんはファッションを求めなかった。ひたすら原野を歩き、研究対象に肉薄して感性と理論を磨く重厚な研究者だった。でも日高さんはあらゆる方面に弟子をつくったわけです。

鎌田　そうですよね、文科系にもね。

山極　それが行動学の大きな花を日本に開かせるきっかけになったわけです。

鎌田　よく教授で採りましたね、そういう日高さんを。

山極　それが京大理学部なんですよ。

鎌田　うん、懐の深さ。

山極　それがすごいところなんです。もちろん生物系に限らず、他にもいろいろ現われてくる。京大のいいところは、多くの研究者が京大出身じゃないところですよね。

鎌田　外様《とざま》ですよね。

山極　外様です。面白いやつを無条件に採る、というのがいいところなんです。ぼくらはその刺激を受けて、京大の伝統なんてどうでもいい、壊したっていい、但《ただ》し、いいところは残す。

鎌田　センスのいいやつだけいればいい、と。

山極　そうです。そういう空気なんですね。でも結果として京大の伝統は守られているわけです。これは面白いところです。

鎌田　京大の人環（人間・環境学研究科）にいてね、ぼくだけ赤い服着て、ヘンな教授なんですよ。他の先生は結構みんな真面目。よくも異端児のぼくをクビにしないなと思う。それがやっぱり京大なんですよね。

山極　見識ですね。京大理学部なんて、発生学のあの人、赤いスポーツカーを乗り回して、いつも赤いジーパンにサングラスで……。

鎌田　岡田節人《ときんど》さん。ぼくが京大の分子生物学者で最初に注目した人です。

山極　そう、有名でしたよ、赤いスポーツカー。赤シャツにグリーンの背広。

鎌田　それは見たかったなぁ……。

山極　なにこの人、大学に講義に来てるのか……。

鎌田　遊びに来てるのか？（笑）でもそれがいいんですよね。世界的科学者がスポーツカー乗りまわしているから絵になる。山中伸弥《しんや》教授もマラソンに出て完走します。もう一つの京大ですね。

第3講　教育者・京大総長として――〝困ったら山極〟人事に開かれたキャリア

ナイロビ駐在とゴリラ研究

鎌田　この講は先生の半生語りの最終講ということで、「キャリアパス」についてお聞きしたいと思います。助手、助教授、教授から京大総長に至るまでですね。

山極　助手になる前のところから話さないといけないんだけど、ぼくが最初のゴリラ調査から帰ってきて論文を書いていた頃に、学術振興会の駐在員としてケニアのナイロビに赴任しないかと恩師に言われたんです。当時学術振興会ＰＤ研究員というのは数が決まっていて、研究室からせいぜい一人か二人くらいしか出せなかったわけですよ。うちには上にまだ人がいて、ぼくの順番はとうてい回ってきそうになかった。でも駐在員でナイロビに行けばＰＤ研究員になれた。ケニアはゴリラがいるルワンダに地理的に近いから、駐在員をしながらゴリラの調査にも出かけられるかもしれないというので、ホイホイと。お金もなかったし。それまでの院生はみんな科研隊に連れて行ってもらったわけですよ。

鎌田　科研費で助成を受けた調査隊ですね。

山極　ぼくが最初にコンゴ（民主共和国）に行ったのも、加納隆至《かのうたかよし》さんという琉球大学の先生が隊長になって科研費をとったピグミーチンパンジー（ボノボ）の調査隊にくっついて行き、ぼくだけゴリラの調査をしたんです。でも一回限りで次は行けないわけですよ。と言うのは、ゴリラの調査で科研費を取れる先生がいないわけです。

鎌田　なるほど。

山極　じゃお前、自分で金稼いで行けと言われても無理な話で。学術振興会の駐在員になって行くと向こうに道がつけられるかもしれないし、ちょうどナイロビで伊谷さんがダイアン・フォッシーと会うことになっていて、お前を引き合わせてやるよと言うし、ヴィルンガ火山群にゴリラを見に行っても面白いかもということで行ったんです。最初の調査地のカフジでは、結局それほどゴリラは見られなかったんで、やはり間近でゴリラを見たいなと思ってね。

最初は一年でという約束だったんだけど、一年目の二月くらいに大きな事故が起こってね。当時霊長研の所属で、生態人類学、ヒトの調査をしていた院生が交通事故にあって、意識不明の重体になった。ぼくは対策本部を作って、大使館とか地元の人たちとか日本の京大霊長研との間にネットワーク、連絡網を構築して、イギリスの病院に移送したんです。ナイロビの病院では問題ない、そのうち意識

ナイロビ学振オフィス

は回復するといわれたけど、大使館の医師が慎重に反応を診て京大病院の脳外科の医師に相談すると、どうも脳を圧迫している塊があるようだと言うんです。そこで、急遽《きゅうきょ》病院の医師を説得して、飛行機に席を確保してイギリスに移送した結果、握りこぶし大の血塊が脳に見つかった。ぎりぎりで命が助かったんです。それがえらく認められたらしく、もう一年やれと言われた。普通駐在員は一年なんですよ。お前はどうも性格が合ってるみたいだし、ゴリラの方もまだまだならないんだろうと言われてね。

ぼくはゴリラの調査をドクターの二年になって始めたものですから、ゴリラの研究ではまだ学位論文が書けないわけです。学位論文を書くためにはもう少しゴリラの調査をしないといけない、だったら金もないんだからもう一年やれということでもう一年やった。それで、二年間勤めて、その間にゴリラの調査も行って帰ってきて、それでもまだ足りない、もう一遍ゴリラの調査に行きたいと思った。今度はその間に貯めた給料もありますから、自費で調査に行ったんですけれども、そのときにモンキーセンターに就職しないかという話がきたんです。

モンキーセンター就職

山極　はじめは何のことかよく分からなかったんですが、モンキーセンターというのはサル研究の草分け的な存在で、伊谷さんも一九五〇年代の設立当初に研究員をやっていたところですよ。

鎌田　愛知県の犬山市にありますね。

山極　はい。ただ当時いろんな問題が起こっていて、研究部を中心に労使の対立が泥沼化していた。それで研究部は廃止になり、当時の有名な研究員は離れていったんです。伊沢紘生《いざわこうせい》さんはその一人ですね。それから七年も経ち、やはり研究部を復活させたい、但し研究員として雇うことは難しいので、フリーランサーという形できちんとコントロールが効くような、要するにお墨付きを与えて抜擢《ばってき》しようと。現場の雰囲気もすごく悪いわけですよ、ピリピリしててね。これは山極しかないなということでどうも……。

鎌田　抜擢されたんですね（笑）。

山極　ぼくが日本に帰ってきて二カ月くらいの、考える間もないときに勝手に決められちゃって、面接があるから行ってみろと言われて行ったんですよ。まだ覚えていますけどね、面接でモンキーセンターの当時の理事や園長、学芸部長などもずらっと並んでいるんですけど、一人の理事が、山極くん、君、女の子にずいぶんモテるらしいけれど、大丈夫なのかい、とそういう質問をするんですよ。いや、そんな、本人は全然

カリソケキャンプ（1982年）

そんなふうに思っていませんと、そんな話をしました。何か和《なご》やかな雰囲気なんですよ。いろいろ雑談をして終わりだった記憶があります。それにだまされちゃったのかな。

ぼくはその後すぐ、ナイロビに行かずにこんどはルワンダのカリソケ研究センターに行ってゴリラの調査に没頭し、半年後にモンキーセンターに入ったら、そんな荒れた現場だということに初めて気がついた。学芸員からも飼育員からも総スカンなんですよ。お前、何しに来たんだという感じね。大変な現場に来てかわいそうだなあという哀れみもあったかな。そこでとにかくあちこちでみんなと酒飲んで話をしました。ぼくは初めて経験する職場で楽しかったし、どの部にも属さず、誰からも指図されなかったので、自分で計画を立ててなるべくみんなに参加してもらうように努めました。まあ、うまくいったんでしょうね。その後、リサーチフェローに次々に雇われるようになりました。

鎌田　へぇー、無事に勤め上げたんですね。

山極　五年間、無事に勤め上げた。その間にずいぶんぼくも好きなことをさせてもらって、ゴリラの調査にも行ったし、屋久島でまた仕事を始めて、今度は調査だけではなくて博物館活動もやりました。屋久島の人たちをモンキーセンターに呼んでシンポジウムを開いたり、ヤクシマザルの公開展示を屋久島で開催したり。

鎌田　そういうの好きなんですね、結構。キュレーターやコーディネーター。

山極　やってみたら、好きになったんですよ。

鎌田　それは何歳くらいですか？

山極　三二、三かな。その間に結婚もして、子どもも二人つくって。モンキーセンターって給料はかなり安いんですけど、冠婚葬祭《かんこんそうさい》にはすごく力を入れるんですよ。結婚祝い、出産祝いと五年の間に三回ももらって、こんなに祝い金ふんだくって出て行ったのお前が初めてだと言われました。

新婚旅行inナイロビ

鎌田　結婚はいつですか？

山極　一九八四年です。ぼくはモンキーセンターに就職していたわけですが、八月にナイロビで国際霊長類学会の学術大会があって、出席して研究発表をしました。結婚するなんて誰にも言ってないわけですよ。妻も一緒の飛行機なんだけど全く別々で、結婚式はしないというのがわれわれの合意だったんです。向こうへ行ってから、結婚しましたという通知を出してすまそうと。ぼくの場合にはもう一つあって、学会に出た後すぐに帰るのはもったいないから、少しアフリカの自分の調査地を回ってみようと思っていた。ただその休暇願を出していかなかったから、向こうから出そうと。

鎌田　そんなのありですか？

山極　ナイロビへ着いてしばらくたってからですかね。いや、実は結婚しましたと。ついては休暇を取りますのでよろしく、みたいな。それが認められたというのがすごいでしょ。

鎌田　いい時代ですね。

山極　こいつだからしようがないか、と。

国際霊長類学会1984，ナイロビ

鎌田　でもかっこいいですね。ナイロビから出したわけ？

山極　電報を出したんですよ。

鎌田　電報ね。ナイロビの方と結婚したと思われたんじゃないですか？　もうこれは帰ってこないんじゃないか、とか（笑）。

山極　それで、ナイロビから汽車に乗ってウガンダの国境まで行って、そこで汽車を乗り換えてウガンダの首都のカンパラまで行きました。あの頃ウガンダというのは最悪の紛争地帯で、汽車に乗ったらボロボロの機関車でね、ケニアの国内はいいんですが、国境を越えてウガンダの鉄道に乗ると途中で動かなくなって、カンパラからわざわざ別の列車がやって来て汽車を引っ張り出す。こっちはすることがないから、汽車に寄ってくる売り子から現地食を買って現地の酒を飲むわけです。ワラギというすごい強い酒でね、そのうちぼくは酔っぱらっちゃって……。

鎌田　新郎、酔っぱらう。

山極　気がついたときはカンパラの車庫の中にいた。妻も一緒に酔っぱらっているから到着したことが分からない。

鎌田　（大笑）

山極　おかしいな、もう暗いじゃん、停電かなと。周りを見渡したら誰もいない。車掌も降ろしにこないんです。それからカンパラの安ホテルに泊まって、しばらく弾痕《だんこん》の跡が生々しい街を散策し、乗合タクシーに乗ってフォート・ポータルというアフリカ三大峰の一つルウェンゾリ山の裾の町まで行きました。ルウェンゾリは登れなかったんだけどそれを見て、今西さんと伊谷さんが一九五八年に行ったキソロというコンゴとの国境の町のトラベラーズレストに一泊して、そこから徒歩で二〇キロ歩いて国境を越え、ルワンダに入ったんです。

鎌田　徒歩で?

山極　徒歩でルヘンゲリという七〇キロくらいあるところまで行こうと思ったんだけど、さすがにそれは無理で、途中でヒッチハイクして車に乗っけてもらって、ルヘンゲリまで行きました。そこからまた徒歩で、当時ダイアン・フォッシーがいたヴィソケ山まで登って行って、突然来たよと言ったら歓迎してくれました。彼女が亡くなる一年前でしたね。毎晩ダイアン・フォッシーと酒飲んで。

鎌田　ジャスト・マリードね。

山極　まだマリードの通知が行きわたってないですけどね。えらくうちの妻が気に入られちゃって、絵を描くものだから、あれ描け、これ描けと。ジュイチ、お前はいいからあっちへ行けと。

鎌田　絵はやっぱり世界共通語ですね。

山極　しばらく標高三千メートルのカリソケキャンプに滞在してゴリラたちに会って、山を下りてコンゴへ行きました。またヒッチハイクをして国境を越えて、今度は船で一日かけて対岸まで二百キロ近くあるキブ湖を渡った。それがまた最悪の船で、人とヤギが満載で一緒に寝ている。歩くよりスピードが遅くて一晩たっぷりかかる。でも久しぶりにスワヒリ語で話をして友達ができました。国境の町ゴマでは金もなかったし、最下級のホテルに泊まったんですよ。自炊付きというんだけど、自炊するものが何もない。みんなコンロを買ってきて中庭に陣取って、炭で飯をつくるというホテルでした。

鎌田　へぇー。

山極　そこに泊まっているフォスタンという若者がいて、そいつが船に一緒に乗り込んできた。何してるんだと聞いたら、竹で作ったハンガーを売っていて、それで小銭を稼いで暮らしているんだと。それで、これからおまえが行くブカブというキブ湖の南の端の都市にオレは住んでいるから、一緒に行こうと言ってきたので、これはもっけの幸いと思って、次はそいつの家を頼った。そしたらこれがスラムだったわけですよ。

鎌田　スラム？

山極　まぁいいやと、そこにしばらく居て……。

鎌田　滞在したんですか？

山極　滞在した。そいつの友達がビール会社に勤めていて、サッカークラブの一員で、みんな集まってきて毎晩酒盛りでしたね。そこからぼくが以前にいた研究所まで四〇キロくらいある。また乗合タクシーに乗って昔の研究所仲間と会って、そこで昔ぼくが使ってたボロボロのランドローバーを運転して低地の熱帯雨林にあるイランギという研究センターまで行きました。帰りはブカブから国境を越えてルワンダに入りセスナで首都のキガリにもどってきたかな。大変な旅でしたねぇ。

鎌田　それが新婚旅行でしょ？

山極　ほとんど金をかけずにやりました。
鎌田　よくぞ奥様に逃げられずに（笑）。
山極　むしろね、そういうのが好きみたい。

写真絵本でデビュー

杉田　今も描かれているんですか、奥さん？
山極　ええ、今も描いてますすよ。彼女と一緒に仕事をしてつくった絵本もいくつかあるんですよ。新日本出版社から出した『おはようちびっこゴリラ』（一九八八年）とかね。でも彼女は別にゴリラだけを描いているわけではなく、アフリカの民話とか、アホウドリの挿絵とか描いたり、台湾の鳥類図鑑を出したりもしてます。実はぼくはね、初めて出したのが写真絵本で『森の巨人』（歩書房、一九八三年）というんです。そこに、ヴィルンガ火山群の絵を描いてもらったのが妻との最初の仕事かな。モンキーセンターに就職した年なんですよ。
鎌田　三〇代？
山極　三一ですね。一九八三年。
鎌田　すごい。
山極　写真絵本なんで、写真を使っただけだけど。それから本を書き始めた。新書とかいろいろね。
鎌田　絵本も結構ありますよね、先生。

山極　福音館もあるし（『ゴリラとあかいぼうし』二〇〇二年など）、新日本出版社もある（『お父さんゴリラは遊園地』二〇〇六年など）。福音館の絵本はいくつか作っています。最初はコンゴで立ち上げたNGOポレポレ基金のメンバーで、地元の画家であるダヴィッド・ビシームワさんと作った絵本で、ぼくがゴリラの子どもの気持ち、ダヴィッドが地元の子どもたちの気持ちを考えて、ゴリラ語を用いて製作しました。他にも、ゴリラしか描かない阿部知暁《ちさと》さんと作った絵本がある。『ゴリラが胸をたたくわけ』（二〇一五年）や『木のぼりゴリラ』（二〇一四年）です。彼女は自称ゴリラフリークスで、世界中の動物園を回ってゴリラを描いている。

鎌田　成り立つんだ、それで。

山極　モンキーセンター時代はいろんな意味で新しいことをやったんです。ぼくはそれまで動物園のことはあまり知らなかった。でもモンキーセンターは動物園でもあるから、動物園の人たちと熱い付き合いが出来たわけですよ。上野動物園でゴリラの飼育係をやっていた黒鳥英俊《ひでとし》さんが、ぼくと同い年だった。ちょうど上野動物園で飼っていたブルブルという名のオスゴリラも同い年だった。それで意気投合してね。上野動物園でブルブルを見ていたとき、ゴリラフリークスの絵描きに出会った。じゃ、三人でゴリラの本を作ろうという話になって、『ゴリラ雑学ノート――「森の巨人」の知られざる素顔』（ダイヤモンド社、一九九八年）が出来たんですよ。絵はその阿部知暁が描いて、最後に三人で「ゴリラを語ろう」という対談をしてね。もう絶版になりましたけど面白かったですね。あの頃ね、本づくりの面白さにちょっと目覚めたんです。

京大霊長研助手へ

山極　そんなことをやっているうちに霊長研で助手の公募がありましてね。

鎌田　公募ですか。

山極　それに応募して、採用された。結構歳食ってから助手になったんです。ただ、助手になるには博士の学位が必要だった。モンキーセンターにいる間にぼくは論文博士を取ったんですよ。

鎌田　なるほど、論文博士なんですね。

山極　結婚して、子どももつくって、学位も取って……。

鎌田　すごいですね。

山極　おまけに、科研隊の隊長としてアフリカに行き、屋久島でも博物館活動をしていたんだから、五年の間によくこんないろんなことをやったなあと思いますよね。

鎌田　助手になったのはいくつですか?

山極　一九八八年だから、三六歳。

鎌田　それは早い方、遅い方?

山極　そりゃ、遅い方でしょう。

鎌田　遅い方なんですか、へぇー。

山極　しかも霊長研に九年もいましたからね、ずっと助手で。教える義務がないのでとにかく海外へ行けるわけですよ。助手になってすぐ海外に一年間出ました。もともと就職先が見つからないと思っていたから、モンキーセンターの給料を貯めて家族でアフリカに移住しようと思ってたんですよ。

鎌田　アフリカ研究者として？　向こうで勤めようと思ってたんですか？

山極　研究者として給料もほとんどもらえないけれども、向こうへ行けば何とかなると思っていました。

鎌田　地質学でもよくあるんですが、専門を活かして国立公園のレンジャーになるとか。そういう職もあるんですか？

山極　いやいや、客員研究員で滞在していく手もあるし。

鎌田　食いつないで何とかしようと思っていた？

山極　日本で就職するばかりが道じゃないぞと思っていたんです。ところが運よくというか、霊長研の助手になった。

鎌田　倍率は高かったんですか？

山極　高かったでしょうね。

鎌田　なぜ先生が選ばれたんですか？　今から思うと。

山極　よく分からないけどねぇ。

鎌田　やっぱり業績？

山極　当時ワードプロセッサーみたいなものは出来ていたんだけど、ぼくは志望動機と研究計画というのはぜんぶ手書きで書いたんです。それは結構受けたみたいですね（笑）。

鎌田　京大理学部、いや霊長研ってそういうところが受けるんですか？　手書きがいいとか。

山極　あとで聞いたら、手書きで応募したのはお前だけだよ、と。

鎌田　真面目な話、採用の理由は何なんでしょう。研究のヴィジョンがよかったとか、何がいちばんアピールしたんですか？

山極　正直言えば、霊長研にはあの頃、フィールドワークをする社会生態部門というのは生態分野と社会分野とがあって、それぞれ教授一人、助教授一人、助手が一人か二人という構成の講座体制だった。そこで助手を公募したわけです、生態分野でね。教授は杉山（幸丸《ゆきまる》）先生、助教授は森（明雄《あきお》）先生、そして助手がいなかったわけです。森先生はゲラダヒヒとニホンザルをやっていた。杉山先生は当時チンパンジーをやっていて、助手で教授のサポートをする者ではなくて、自分独自の企画をもって教授や助教授と違う種を対象として研究するやつがいないかと思われたんですよ。当時チンパンジーをやっていて職をもっていない人や、ぼくよりも業績が高い人はたくさんいたんですけど、チンパンジーではなくゴリラをやっているぼくを採ったのは違う種の類人猿研究者がほしかったということだったと思うんです。

鎌田　それはゴリラ研究そのものがブレイクスルーだったから？　霊長類学でそういう萌芽があったからですか？

山極　一つの台風の目みたいなところですね。

鎌田　そういうことですか。先生が最初にやっていたパイオニアだから採用と。つまりゴリラをやっていたことが自分の道を一気に開いた？

山極　そうでしょうね。ゴリラをやっているだけじゃなくてニホンザルもやってるし。新しい対象というだけでなく、共通のテーマももてる。

鎌田　あ、そうかそうか。

勝負仕事と保険仕事

鎌田　ぼくね、「勝負仕事」と「保険仕事」と名づけて本にも書いているんですよ（『成功術　時間の戦略』文春新書、二〇〇五年）。ぼくの専門の地学の場合、勝負仕事とは最終的に学術論文になる仕事ですが、一〇個に一個とか百個に一個しか論文には至らないものです。一方、保険仕事というのは時間をかければそれなりに完成する仕事です。ぼくの場合、縮尺五万分の一の地質図をつくったのですが、一五年かけると一五年かけただけの良質の地質図ができるんです。他の人がやってもやはり一五年かかるわけ。そういう保険仕事をやりながら、かつ時々は勝負に出るわけね。そして勝負仕事は一〇個に一個くらいしか当たらないけど、それで教授にヘッドハンティングされた。京大の山中教授だと、ノーベル医学・生理学賞につながったわけね。先生の場合、ゴリラが勝負で、ニホンザルという保険をもっていたというのが見事に成功してますね。

山極　それは大きいんですよ。霊長類研究所というのは全国的な共同利用の研究所だから、全国から申請がくるわけですよ。基本的に国内研究だからフィールド研究はニホンザルの仕事ばっかりなんです。

鎌田　ニホンザルができないと逆に困る。

山極　困る。しかも霊長類研究所は全国に研究林を五つもっていて、下北、志賀高原、木曽《きそ》、幸島そして屋久島なんですよ。そのうち三つでぼくは調査している。

鎌田　ちゃんと押さえてますね。

山極　そうなんですよ。それは修士のときに全国を行脚したというのが生きていて、しかもその当時、霊長類研究所は屋久島研究林を拡大したかったわけね。今その通りになっているんですけど、その最先端にぼくがいたので、こいつは使えるというふうに思われたに違いないですね。

鎌田　先生、修士のときに九つやったというのは、ちゃんと自分に保険をかけて……。

山極　全然そのつもりはなかったんだけどね。

鎌田　ぼくは若い学生や院生にいつも言うんですけどね。勝負仕事だけだと、世の中がこんなに急激に変わるもんだから全く勝てない場合がある。そのときに必ず食える道、つまり保険をある程度もっておいてそれで食いつなぐ。保険仕事でも時流にうまく当たればボンと採用されるじゃないですか。特に研究者志望の若者にはちゃんと言っておかないと、みんな勝負仕事だけしかしないもんだから、当たらないと消えていくんですよ。才能があるのに、それがあまりにも勿体《もったい》なくてね。

山極　それは別の形でぼくは言ってますね。つまり、大きなテーマ、生涯かけてやりたいものは諦めるな、と。

鎌田　あぁ、なるほど。

山極　それをどこかでもて、と。だけど現場を経験するにしたがって出てくる小テーマというのがある、それは必ず押さえろ、と。それは短期間で出来るかもしれないし、他の発見を呼ぶかもしれないから、それもやりつつ、つまり並行的に二つのテーマをやれ、と。

鎌田　大賛成です。

山極　だから、ちょっと似てるかもしれません。

鎌田　小テーマはそれなりに大事で、比較的短時間に論文にまとまりますよね。今のご時世、論文を書いていかないと生きていけないでしょ。どんなに小さくても「デッドワーク」にはしないで、コツコツ仕上げておく。ちょっとやったらちょっとやったなりにパブリケーションを残さないと生き残れませんよね。

山極　発見というのは小論文でもいいから……。

鎌田　そうです。ショートノートで残しておく。大テーマはなかなか書けないけど、実は小テーマが積み上がって大テーマが完成するものです。生涯の勝負どころを見すえて下学上達《かがくじょうたつ》するということですね。

山極　そうですね。ニホンザルにぼくはいまだに興味を失っていなくて、そっちの方面の関係者とも付き合ってますけど、一方ではやはり優先順位はつけているわけですよ。でも実際に採用されるという話になると、どっちで採られるか分からない。

鎌田　だから両方にちゃんと「場」を張っておかないといけない。これは研究者として生き延びるための極意ですよね。

山極　そうですね。

鎌田　ところで、先生はそういうことに最初から気づいてやってたんですか？　それとも結果としてそうなったんですか？

山極　さっきもチラッと言ったように、何か行き詰まったときにぼくが放り込まれるというのは、モンキーセンターがそうだし、その後いろいろあって京大の理学部にもどってから研究科長になったのもそういう背景がありそうです。総長になったのもたぶんそういう鈍感さと、よく言えば懐の深さがからんでるなぁという気がしてるんですよ。

助教授・教授時代

鎌田　では、次に助教授にどうやってなったかをお伺いしましょう。

山極　ぼくは助手を九年もやっていた。助手という身分を利用して長期にアフリカにフィールドワークに行って、それがすごく財産になって論文を結構書いたんです。それをおまえ結構楽しんだんだからそろそろ助教授になれよと言われて。

鎌田　でも現実には、助手は日本中にたくさんいるから必ず競争になるじゃないですか、結果として、助教授の審査でなぜ先生が選ばれたんです？

山極　それは分からないです。かなり倍率が高かったと思いますけど、当時霊長研にいた上司の教授からも、今度こっちの人類進化モデル研究センターで助教授を公募するから出せよと言われたし。

鎌田　これは人事では結構重要なポイントですね。例えば助手ポストくらいだと、大体この分野はいずれこいつが背負って立つなというのが見えるんです。だからその若手には声がかかって、さっさと助教授から教授になるんですよね。先生はそういう人だったってこと？　ご自身では言いにくいことかもしれませんが。

山極　それは分かりません。ただ助教授になって四年で教授になりました。

鎌田　うん、だからそれは教授にするのが見えていて助教授にしたんですよ。

山極　まぁ、そうかもしれないね。実は京都大学の動物学教室というのには不文律《ふぶんりつ》があって、助手から教授まで一貫して上がってはいけないという慣習があるんです。

鎌田　ふーん。

山極　原則として、助手は上にあげない。どこかに行ってもらう。だから助教授は他から採る。その当時、人類進化論研究室には優秀な助手もいたんです。だけど助教授選では……。

鎌田　不文律がある。

山極　だからおまえでも可能性はあるよと、そう言われました。それはまぁ、いいシステムだと思います、人事交流という点では。

鎌田　そうですね。アメリカなんかではそういうのが当たり前ですものね。

山極　だからこそ任期制をとらないんですよね。

鎌田　そうですよね。

山極　どこでも歴史の古い研究所では、二〇年も助手をやってるという人がいるもので、霊長研もそうでした。だからオレもそうなるのかなとどこかで思ってたんですけど。

鎌田　ふーん。

山極　でもそろそろ出て行くべきだなとは思っていたんで、それがたまたまこっちの理学研究科だったというだけで。

鎌田　そういうことですか。それで四年で教授になって意気軒昂《いきけんこう》ですが、でも、教授になったら急に雑用もすごく増えるでしょ。

山極　増えました。

鎌田　で、ご自身の研究にはどうでした？　指導も増えるし。

山極　やっぱり院生の面倒を見なくちゃいけないというのがね。

鎌田　まともなドクターを出さなきゃいけないですしね。

山極　そうそう。ドクター出さなきゃいけないし、就職もさせなきゃならない。これは結構大変でした。それから委員会とかいろんなものが回ってくるので、ちょくちょく顔を出して、なおかつ、あの当時からそうなってきたんだけど、書類書きが多くなるんですよ、ものすごくね。

時間の使い方・つくり方

鎌田　どうやって時間の工面というか、スケジュールの采配をしたんですか？　研究があって講義があって会議があって雑用も多いでしょ。学会活動もあるし。

山極　一貫してぼくのプリンシプル（方針）があって、先延ばしにしない。例えば、こういう話はもうちょっと歳くってからでも書けるよな、というようなことは思わない。思いついたことは必ずその場でやる、それがぼくの方針なんですよ。

鎌田　先生は著書の数も多いんですが、依頼されたらさっさと書いちゃう？

山極　書いちゃう。

鎌田　そんな時間は一体どうやって捻出するんですか？

山極　それはね、電車の中とか……。

鎌田　だっていま電車通勤じゃないでしょ。

山極　いや、東京に行くときとかね。

鎌田　あっ、そうか。新幹線とかね。

山極　あるいはホテルとかね。

鎌田　ぼくは「隙間法」と自分のビジネス書（『ラクして成果が上がる理系的仕事術』ＰＨＰ新書、二〇〇六年）で呼んでいるんですが、教授って結構隙間の時間がありますよね。授業とゼミの間とか委員会の待ち時間とか。それを使えばたしかに本一冊くらい書けますね。先生はそれを若い頃から実行してました？

山極　そうですね、ぼくはどこでも寝られる、どこでも書けるという自信があるので。

鎌田　睡眠時間はどれくらいですか？

山極　睡眠時間は長いですよ、結構。八時間くらいとってます。

鎌田　今でも？　三時間くらいかと思ってた、ナポレオンみたいに。

山極　寝ないとダメなんです。

鎌田　どこでも寝られるんですよね。

山極　どこでも寝られる。だから足して八時間ですよ。

鎌田　なるほど、全部足してね。じゃ細切れで新幹線で寝てるとか。

山極　新幹線では結構寝られますよ。あとは本を読んだりね。パソコンなんて新幹線ではできないですよ、頭が痛くなっちゃうから。

鎌田　そう、揺れますからね。そもそもネットとかどういうふうにされてます？　パソコン、スマホ、ブログ、ツイッターとかいろいろありますね。

山極　ぼくは携帯電話をもたないから。

鎌田　えっ、なぜ？

山極　人に使われるのが嫌いだからですよ。自分の都合のいいときに電話できるのはたしかに便利ですよ。だけどいろんな用事が入ってくるでしょ。もちろんメールでも入ってくるんだけど、電話というのはすぐに出ないといけない。メールはいつだって構わないけど。それはかなわないので、携帯はもってても出ません。

鎌田　総長だったら事務屋さんからもたされるんじゃないですか、それこそ緊急用に。

山極　もたされるんです。でもみんな出ないのが分かってるから、誰もかけてこない。

鎌田　はぁー。

山極　だからスマホも使ってないし、携帯もほとんど使ってない。

鎌田　そうすると、帰ってメールがいっぱい来てるのをいつ処理するんです？

山極　それはパソコン開けてパッと処理して。

鎌田　「パッと」と言っても相当な数でしょ？

山極　読まないのも結構あるんですけどね。

鎌田　へぇー。

山極　その場で返事しないと忘れてしまうんでね。そういうのは結構あります（笑）。

鎌田　向こうが困ったらまた問い合わせがくるだろう、と。

山極　そうです。絶対いま返事しないといけないのだけ返事してね。

鎌田　なるほど！　そういう時間の戦略をもってらっしゃる。じゃ今回の対談の六時間はどうやって捻出したんですか？　すごい能力だなと思っています（笑）。

山極　それは秘書の能力ですよ。

鎌田　あ、そういうことですか。

山極　いろんな予定をどこかに詰め込んで。だから今朝はものすごく予定が詰まってました。

鎌田　本当にすみません、有難うございます。

山極　いやいや、それは結構やってくれてます。

鎌田　で、六時間でもポンと取れるという離れ技（笑）。

山極　はい。

京大自然人類学研究室の伝統と院生指導

鎌田　それでめでたく教授になられて、自分の研究もしたいですよね。一方で学生の指導とか授業とか会議とか山ほどあって、ご自身の研究はどうされました？

山極　教授になってからは、自分の目で見るフィールドはすごく限られてきちゃった。だからフィールド調査をする教務補佐員とか大学院生の目に自分の目を入れ込むという努力をしないといけない。

鎌田　なるほど、はい。

山極　彼らは、一生懸命に見ているんだけど見えてないんですよ。こういうふうに見るんだということを実際フィールドで教え込まないといけないんですね。そうしないと気が付かないで終わっちゃう。ぼくがフィールドでの現場で調査できるのはせいぜい二週間足らずしかないんだけれども、一緒に歩きながら、ホラ、ゴリラがこうやっただろう、これが面白いんだよということをフィールドで、そしてキャンプでも話をしながら彼らの目を鍛えていく。それが結局彼らの論文、あるいは彼らとの共著の論文になるんです。ぼくは教授になってから単著なんて一つもないですよ。

鎌田　うん、そういうものですよね。自分のテーマや関心を、院生とか若い助教にどんどん与えちゃう。まだ未熟だけど、彼らに共同研究者としてやってもらうとかは？

山極　うちの研究室はそもそも伝統的に指導教員がテーマを与えるということをしないんですね。だからテーマは自分で考える。そこにサジェスチョンをみんなで与えるということをずっとやってきましたから、ゼミはすごく時間がかかるんですよ。エンドレスゼミというのがうちのモットーで。

鎌田　ははぁ、エンドレスね。いったい何時までやるんです？

山極　いやまぁ、一時半から始めて夜までやることありますよ。ぼくは最長記録をもっていて、九時間というのがあります。相当みんなから文句を言われましたけどね。

鎌田　へぇー。

山極　学位をとる前ですよ。モンキーセンターにいる頃に、自然人類学研究室にやってきて、伊谷さんとか先輩や後輩たちに聞いてもらって、その日にみんなで鍋囲んで食べる用意もしてたんですけど、なかなか終わらないもんだからみんな相当怒ってました。そういうのがあるんで、ぼくが教授になっても院生の発表が長いなんて文句は言えない。

鎌田　いま総長でいらして、人類学教室のゼミには行けないですか？

山極　ほとんど行けないですね。

鎌田　さすがにその時間は取れない。
山極　取れないですね。
鎌田　学部長のときまでは取れました？
山極　取れました。理学部にいたときは学部長を二年間しましたけど、院生たちとちゃんと付き合ってました。いまだにぼくが採った院生の学位の指導はしています。論文を見たりね、いろいろ就職相談に乗ったりはしているんだけど、ゼミに出て時間無制限に話をするなんて、そんな贅沢な時間は取れないですね。
鎌田　やっぱりそうですか。
山極　院生指導で、実はぼくはいろいろサジェスチョンしているんだけど、本人は自分が考えたことだと思っている。そこがぼくは重要だと思っています。あれだけ酒飲んでうるさく言ったのに、自分の考えを提示するときぼくの名前が全然出てこない。それはくやしい気持ちもあるけど、ぼくにとってすごく幸せな瞬間でもあるんです。
鎌田　そう、そこを勘違いさせるのはとても大事ですよね。
山極　自分はこんな苦労をしてここに至ったということをゼミで滔々《とうとう》と話す。そのときにぼくの名前なんか全然出てこない。まあ、これがいいんだと。
鎌田　さすが、本物の教育者ですね。
山極　おそらく、ぼくの指導教員の伊谷さんも同じことを思っていたでしょうね。

うちの自然人類学研究室というのは伝統的に単著を重視して、そのときに指導教員の名前は一切出ないわけです。もちろん謝辞には出ますけれども。いま実験系の研究室では、科研費を獲得するために、自分が指導した院生の論文に自分の名前を出せと義務付けるわけですよ。ぼくは義務付けない。学位を取るまでは絶対単著で出させる。ぼくもそうだったし、今の院生に対してもそう言っているわけです。論文は自分の考えたものを書くのであって、テーマも自分が選び、方法論も自分で。これは外国人の院生にも指導しています。先生が手伝ってくれたんじゃないのか、指導教員の名前を出すのは当然でしょと言われても、ぼくは出すなと言う。

鎌田　いやぁ、カッコイイ。今ね、それを言える教授ってほんとに少ないですよ。本当に自信のある教授しか言えないですよね。やっぱり科研費が取れるかという死活問題があって、業績を出せとたえず追いまくられているから。先生、科研費AとかSとか、今まで落ちたことないでしょ？

山極　落ちたことないです。

鎌田　それはすごいことです。改めてびっくりしました。AとかSとかは何億円ですよね。

山極　それは自分でも論文を書いているからなんですけどね。ただ一九八五年以来、単著では書いていません。アフリカ人の共同研究者とか学生とか、共著のものばっかりです。

鎌田　でもまぁ、教授になったらそんなもんですよね。ぜんぶくれてやってもね。院生は職を得ないといけないし、助教はまだプロモートしないといけないからね。

山極　ぼくはコンゴ人の研究者に学位を取らせたことがあるんです。

鎌田　地元の研究者を育てるというプロジェクトですね。

山極　そのときに、三本、非常に有名な国際学術雑誌に掲載してもらった。ぜんぶ単著です。ぼくの名前は出さない。

鎌田　それはなかなか出来ないことです。

山極　もちろんぼくは彼にオリジナリティを要求しました。彼は何度も泣いて、こんなふうに言われるんだったらやめたいと言いましたが、三本とも彼の単著なんです。それが国際的に有名な雑誌だったから、彼はいま非常に売れています。自負をもって自分の仕事が出来ている。それはすごく重要なことだと思うんです。

鎌田　教授が院生に単著で書かせるというのは、実に少ないですよね。久城育夫《くしろいくお》という学士院賞をとったぼくの先生がそうだったんですよ。東大の副学長もした世界的な岩石学者でした。それ以来、山極先生が二人目ですよ。世界を見まわしてもほんとにいない、そういう先生は。まず、自信がないと出来ない。今日の対談で、実はこの話がいちばんインパクトがあったりして。

山極　ぼくは基盤Sまで取ったんだけど、特推（特別推進研究）は落ちました。でも、応募したときにヒアリングまで行ったんですよ。そのとき医歯薬系の審査員がいて、言われたことにびっくりしました、文化の違いに。山極さん、あなたはファースト・オーサーのものがすごく多いけれどもラスト・オーサーのものが少ない、これまであんまりチームを組んで代表者となって仕事してないんじゃないですか、と。それはすごく心外でね。じゃ、謝辞を見てください、ぼくに対する謝辞が載っている論文がいかにたくさんあるか見てくださいと言いました。でも医学部の常識からすれば、自分が指導した研究、あるいは自分が代表者になったプロジェクトや論文に自分の名前が載っていないことはあり得ないことなんです。それを載せないことは責任放棄だと思われる。

鎌田　医学部の言い分はそれはそれで正しいけど、われわれ理学部には「美しく」ない。こうなると文化の違いですね。

山極　文化の違い、それはもうしようがないなと思った。だからぼくは落ちましたけど。

鎌田　理解されなかった。いやぁ、残念です。

山極　まぁ、それはしようがないと思います。

鎌田　医学部では教授の論文数は六〇〇と言いますよ。けたが違うんですよ、ぼくら理学部とはね。

山極　教授になる前に普通二〇〇だからね。

鎌田　同じ理系でも全く文化が違いますよね。

山極　ぼくはいまだに八〇くらいしかない。大半がファースト・オーサーですけど。でもそれでいいと思うんですよ。自分が論文を書いたという実感を伴うものしか自分は名前を出さない。責任のはっきりしないものには論文の共著者になってはいけないということは思っているんです。

鎌田　この話はとても重要ですね。山極総長は研究者として金字塔《きんじとう》だし、結局、大学の総長とか、副学長とか、現役時代にしっかりとした業績があるのは非常に大事でね。先の久城先生は火山学で世界に冠たる教科書に載っている研究をやって、それで学部長をやって、副学長もやった。結局プロ野球と一緒で、殿堂《でんどう》入りを決めるのは現役時代の実績なんですよ。だからぼくは山極先生の話、すごくよく分かる。そうでないとトップに立ったときにみんなひれ伏さないわけ。もちろんひれ伏せさせる必要はないけど、研究業績がある人が教授になって学長にならないと、その大学には威力がない。

山極　京大は理学部もそうなんだけど、学生に先生と呼ばせないわけですよ。

鎌田　「さん」でしょ。「山極さん」なんですよね。

山極　いまだにぼくの院生は、総長になってからでも、「山極さん」ですね。それは独立した研究者として学生時代から認めるという話で、オレはお前の指導教員ではないぞという、それが最後通牒。研究上の討論だったら最後まで闘うわけですよ。理学部では学位論文を提出するときに、五人の審査員の二人まで自分で選ぶことができる。三人は研究科が選ぶわけです。だからそこで一人ひっくり返せば勝つわけです。実際そういうこともあって、自分の指導教員がその学位論文に対して反対していたけれども、自分が選んだ学位審査員によってひっくり返った。

鎌田　すごい、そんな例があるんですか。

山極　それが理学部の伝統です。自分が論文を書くということは、自分の指導教員の思う通りの学位論文じゃないんです。そこは対等なんです。それを認めることが理学部の見識なんです。だって指導教員を乗り越えなくちゃいけないわけだから。

鎌田　教授を乗り越えて初めて学位論文になる。たとえ狭い分野であっても、教授を越えたと思えたときにプロのタマゴ誕生なんですね。

山極　学位をとること、それが一つのイニシエーションなんですね。

鎌田　通過儀礼ね。

山極　それを制度上きちんとやりましょうよというのが理学部の伝統で、それは美しいと思います。

鎌田　ある意味でそれを守ってるのは京大だけですよ。というのはね、東大は結構ぞろぞろ論文稼ぎをしてるんですよ。自分の出身校としてすごく悲しいんだけど、それをしたら結局ダメになる。だって若いやつがそれを見て同じことをやるでしょ。拡大再生産ではなく縮小再生産でね。それではいつまでたっても目の前にいる教授を越えられないじゃないですか。

山極　新しいことができない。教授を越える学問ができない。

鎌田　そしてボスを越えなきゃ、その学問は死んじゃうじゃないですか。東大の現状はね、これは霞が関に近いからそうなると思うんだけれど、ぼくはほんとに悲しい。だから京大だけは守ってほしい。

山極　東大は日本の旗艦的な存在だから、日本一を目指さなきゃいけないんでね。

鎌田　世界に対抗するとき、まずパブリケーションの数を言われるわけ。でもそれに埋没すると研究そのものが浅くなってしまう。

山極　きちんと目的が分かっている研究をどんどんつくらなくちゃいけない。われわれはそうではなく、意外性のある、でも新しい世界につながるものをつくっていかなくちゃならない。

鎌田　大きく言えばね、人類の新知見のためにやってるんですよ、研究というのは。

山極　数じゃない。

鎌田　そう。決して日本を世界に認めさせるためにやっているわけではないんです。相手は人類なんですよ、京大が目指しているのは。そこが違うと思う。

山極　いいなぁ、よく分かってくれて。

国際霊長類学会会長職

鎌田　でも世界というと、先生、国際霊長類学会の会長もされてましたよね。それはどういうお仕事で、どんなふうに関わってこられたんですか？

山極　国際学会というのはね、ほとんど執行部が集まる時間がないんですよ。メールでやりとりします。自然保護団体とか他の学会とかのメールがしょっちゅう来るんで、それに対して返答したり決定したり、庶務担当の副会長に業務を投げたりとか、あとは有識者を選んで賞の選考をしたり……。

鎌田　それも大事ですね。

山極　二年に一度の学術大会のオーガナイズを一緒にやったり、資金を取ってきたり、そういう仕事です。

鎌田　会長に選ばれたというのはどういう経緯だったんですか？

山極　選挙をやるんですよ、候補者を募《つの》って。ぼくは全然会長をやりたいなんて思わなかったんだけど、前の前の会長が山極を推薦したいと言って、オレはとてもそういう器じゃないよと言ったんだけれども、どうしてもと言うもんだからとりあえずスレート（候補者としての構想）を書いたら選挙で通っちゃった。こっちは全然なる気はなかったんだけどなっちゃったという感じです。

鎌田　学会ではやはりプレジデント・スピーチがあるんですか。国際会議の冒頭のアイスブレイクパーティーから……。

山極　やりました。霊長類はよく知られるようになったけど、霊長類学はまだ一般に認知されていない。とりわけ人間を再考する学問として世に出す必要があることを強調するプレジデント・トークを、イギリスのエジンバラでしました。総会を議長としてまとめたり、いろんなことをやりましたよ。京都大学で学術大会も開催したしね。四年任期を無事終えました。

京大総長就任

鎌田　それではいよいよ京大総長選の話を。例の文書が回りましたね、「山極先生を総長にしないでください」という（笑）。先生が研究の場を離れられるのは霊長類研究への打撃だと。自分たちの指導を続けてほしいという学生の声も強かった。新聞記事にもなりました。

山極　なりましたねぇ。

鎌田　あれはいい話でね、ほんとに。

山極　ぼくは全くなる気はなかったんですよ。ご存じだと思うけれども、学内の教職員による意向投票って本人に何の連絡もない。本人の意向も何も聞かず投票して、その結果一〇番以内の人が京都大学に望むことを書けと言われて書くんですよ。ぼくは全くなる気がなかったから、みんながネクタイに背広のきちんとした服装の写真を出す中、申し訳ないけどかなりいい加減な服装をして、動物園の腕章をつけて、大学に望むこと二つ、とにかく学生中心の大学がいいと思いますと、また今の総長の任期は長すぎる、総長解任の規定をつくらなくちゃいけないというのをメインで出した。これは過激すぎて全く信用されないだろうなと思ったんです。わざわざそういうことを書いた。そしたらそれが逆受けして……。

鎌田　決選投票になりましたよね。

山極　ぼくはあのとき東京にいたんですよ。ちょうど抜けられない会議があったんで東京にいた。そしたら夕方くらいにメールが来て、明日ヒアリングがありますから帰って来てくださいというわけです。ヒアリングは決選投票に進んだ二人にすると思ってました。結果は公表されてないからどっちがどうなのか分からない中、行ってみたらぼくしか呼ばれてないので、これはヤバいなと思った。そのときはほんとにヤバいなと思いましたね。

鎌田　それまで知らなかったんですか。

山極　知らなかった。これはヤバい、ほんとにやらされるなと思って。総長選考会議に呼ばれて何やかや聞かれて、理学部に帰ってきたら、まもなく選考会議座長の安西祐一郎さんがやって来て、おめでとうございますと言われた。すぐに記者会見になって、頭が真っ白になった。ほんとに困りましたよ、全然用意してなかったから。ぼくは理学研究科長のときに、いろいろ執行部に対して意見も言ったし、総長に対してかなりきついことも言ったりしていたけど、執行部がどういうものでどういうことをやっているかということは詳しく知らなかった。エッ、オレみたいのが総長になってどうするんだよ、というのが第一印象でしたね。

鎌田　モンキーセンターが決まったときの話に似ていますね。

山極　そうですね、似ている。後になって知らされたんだけど、総長選考会議では結構もめたらしい。具体的な話は知りませんけどね。そのときぼくはもう理学部長を退任していたんで、詳しい事情を知らなかった。ただ、部局長会議や教育研究評議会で組織の改編について執行部の案が通らなかったとかゴタゴタしてるなということは聞いていたし、これは京大はかなり荒れ始めてるなという印象をもっていたから、そんなときに総長になるのは真っ平ごめんと思ってました。でもそういうときだからこそ、こういう人間を総長にしようなんていうのがね、ばかばかと広まったんじゃないかと思うんですね。

組織大変革

鎌田　なられてからどうでしたか?

山極　執行部がバラバラだという印象があったんで、とにかく全学組織にしないといけないと思った。総長はその頃からものすごく大きな権限をもつようになっていて、もちろん執行部は自分で選べるわけですよ。だけどぼくは誰も知らないので、全学体制にしようと思った。各研究科、学部、研究所やセンターの部局長経験者からこれはと思う人に片っ端から当たった。

鎌田　そういうの、根回しとかしないんですか。

山極　全くしなかったね。されたことはあるけど。

鎌田　それには乗らない？

山極　絶対乗らない。とにかく次点の湊長博《ながひろ》さんと北野正雄さんは絶対に入ってもらおうと考えた。やっぱり医学部、工学部というのは総合大学の要になるし。それから教員の四分の一近くを占める研究所センター群からは誰か一人入ってもらおうと。

鎌田　ふーん。それでぼくの部局からも一人理事・副学長が選ばれたんですね。

山極　大きかったかなと思うのは総長室を廃止したことですね。これまでの総長は総長室をもっていて、そこでいろいろ戦略を練っていたわけですが、そうすると理事との関係が希薄になる。

鎌田　はいはい。

山極　理事と直接的な関係をもって、いろんな仕事を理事と分担して任せようということにしたんです。総長室をもっていると総長室の権威がどんどん高まる。財務とか総務とか施設とか、総長室を通していろんな指令がいく。そうすると理事や部長たちが不満をもちはじめる。お互い仲違いして横の連絡をもたなくなる。だから理事と直接やり合おうという話です。総長室には部長も置いていたんですがそれもやめて、理事たちが自分で責任をもっていろんなことができるように作り直したんです。だからある意味、ぼくは孤立しているんです。それでいいじゃないかという、それは信用問題です。理事たちがいろいろやってくれることをぼくは後で追加承認すると。ひとこと言うかもしれないけれども、あるところまでは自分で決めてもらうということなんですね。総長室はなくて秘書室がある。

鎌田　ずいぶん変わりましたね、先生、それは。

山極　うん、かなり大きくね。だからぼくは何の権威ももってないですよ。

鎌田　だからこそできるわけで。大ナタも振るえるわけで。

山極　大ナタを振るえるかどうか分からないけれども、理事が活気づいたことは確かです。それまではいつも総長の意向をうかがう必要があった。いま理事が自分の判断でいろんなことをやっていますから。

鎌田　理事さんも朝から出勤？　常勤でしたっけ？

山極　いや、ぼくは理事には現役である以上、必ず自分の出身研究科に軸足を置いてくださいと言ってます。せっかく全学体制にしたんですから、理事、副学長は現場とのパイプは握っておいてほしいと。ただ、総長のぼくだけは部局に足を置いとくわけにはいかないので、教授を退任しました。しょうがない。

鎌田　でもそれはすごくいい視線ですね。これからも継承されるといいですね。

山極　そう思いますよ。やっぱり執行部は教育現場を知らないとね。

鎌田　理事には教育目線が必要ですよね。総長は逆にそれから離れて全体を見回すというね。そこではっきりと分けてらっしゃる。

山極　理事七人のうちの二人が文科省と厚労省出身ですけど。両方とも京大のＯＢです。

鎌田　それはそれで大事ですよね。局長さんをもってきたんですか？

山極　一人は局長経験者、一人は元事務次官です。やっぱり上に立っていた人は顔が広い。経験値が高い。

京大VS東大

鎌田　例えば、京大と東大とを考えたとき、京大総長として何か違いがあると思います？

山極　ぼくが最初にやったことといえばね、当時の東大総長の濱田純一さんに会いに行ったんです。それまで東大、京大の総長がサシ（一対一）で会ったことはほとんどない。

鎌田　えーっ、そうなんですか。初めて聞いた。

山極　濱田さんは大歓迎してくれて、末広亭で飯食ったのかなぁ、面白いこと言ってた。山極さん、あんた東京の出身だろうと。濱田さんは神戸の出身なんですよ。東京出身者が京大総長になるのって何か言われないかと言うんです。別に言われてないけど、これから言われるかもしれないと言ったら、ぼくは東大総長になったときに関西人というのでいろいろ言われたことがあると。

鎌田　へぇー。

山極　そうか、と思ってね。京大って伝統的に東京からやって来た人が花開く場所でもあるんですよという話をして。

鎌田　数学者の森 毅《もりつよし》さんとかね。彼は東大理学部出身ですよね。

山極　そうそう、結構そういう人は多いんで、わりと可愛がってもらってますという話をしたんだけど、そのときに濱田さんから具体的にいろんなサジェスチョンを受けました。ここでは言えないようなことがいっぱいあるんだけど、これは理事を選ぶのに、あるいは経営協議会委員を選ぶのに、ずいぶん役立ちましたね。そのときにぼくが話題にしたかったのは、東大と京大とは同じことをやってちゃダメだということでした。

鎌田　そう！　大賛成です。

山極　違うことをやる。東大の伝統、京大の伝統というのがあるし、伝統通りにやる必要はないにしてもね、やっぱり違う路線を歩まないといかんということで一致した。そのあと五神真《ごのかみまこと》総長になってから執行部どうしで会おうというので、まず東大の時計台でやって、二回目を京大の時計台でやったんですよ。つまり総長だけではなく執行部どうしが顔を合わせてお互いに協力し合いましょうよと。理事どうしが会っているいないでずいぶん違いますから、これはよかったですね。

いちばん印象的だったのは、東大は、発言する前にみんな総長の顔を見るんです。

鎌田　チラッと？（笑）

山極　こっち側は誰も見ない（笑）。全然違うんです。

鎌田　変わったんでしょ、執行部が。

山極　変わりましたね。といっても昔を知らないんだけど。東大からね、何でこんなに元気いいんですかと言われました。山極総長、ちょっとあまりにも手綱をゆるめてませんか、みたいなね。だってぼく手綱なんて必要だと思わないから。京大を攻略するにはぼくを落としたって何にもならないわけですよ。各理事を落とさないといけないからね。いま京大は結構落としにくい牙《が》城《じょう》になっているんです。

鎌田　はぁ。でもよくそこまで変わりましたねぇ。と言うより、よくそこまで変えましたね。

山極　いやそれはまぁ、必然的に変わるだろうと思ってましたよ。ぼくみたいな人間が頭に坐れば。

鎌田　総長室をやめちゃったり……。

山極　ちなみに総長車も廃止しました。それまではセンチュリーという公用車を使っていた。ちょうどぼくが総長になった翌年の三月に運転手さんが定年を迎えることになって、それじゃやめようかと。

鎌田　えっ、そこまでやめたんですか？

山極　だからいまタクシーを使ってます。半年間で経験したのは、総長車が必要になるのは勤務時間外が多いんです。でも残業になっちゃうから、一人の運転手では結構大変です。だったらやめてタクシーにしようと。

杉田　それはすごい。

山極　七帝大の総長はいまだに公用車を使ってるんです。でもぼくは少しフリーになったんです。総長車が来る以上必ずぼくは見張られているわけですよ（笑）。タクシーを使うようになるとぼくは自由に動ける時間が取れるんです。

鎌田　さすが。

山極　総務は心配でしょうけど。総長どこにいるか分かりません！って。
鎌田　ははぁ、携帯もってないし。
山極　ま、他にもいろいろ自由に動いてはいますよ。今は暴露《ばくろ》できないけどね。
鎌田　今は伏せときます（笑）。
山極　鎌田さんも分かってると思うけど、それは信用問題なんですよ。人に迷惑がかかっちゃいけないので、こいつだったら信用できると思ってもらわないと大胆なことはできないわけで、その関係性はつくるのに時間はかかりますね。
鎌田　本当にいいスタッフに恵まれてますね。素晴らしいです。
山極　そういうスタッフをつくるのも戦略のうちなんです。ぼくがいちばん力を入れるところでもあります。
鎌田　ぼくなんか思うんですが、戦前は帝国大学の東大総長とか京大総長というと、文部大臣と同じくらいというか、それよりずっと上でした。文部大臣が列車で挨拶に来たというくらいで、ぼくは学問の府のトップが文科省を変えるというか、もっと強く言えるようになってほしいんですよ。文科省批判じゃないけど、日本の教育行政を二人の総長が何とかしないとね。東大とタイアップしてもっと上に向けてやりませんか、先生。
山極　うんうん、それはねぇ、去年（二〇一六年）の予算折衝《せっしょう》からずいぶん文科省とやり合って、ぼくもだいぶ強硬に意見を言ったこともありました。あまり事を荒立てないでください！と周囲から言われたこともある（笑）。

鎌田　先生と東大総長や執行部が一緒になってやらないと、文科省も動かないでしょ。向こうはお役人だから。

山極　いろいろ難しくってね。国大協（一般社団法人国立大学協会）という組織があって、これは八六の国立大学を率いている。前総長の松本紘《ひろし》さんは会長だったんだけど、ぼくはいま副会長でね（現在は会長になっている）、会長は東北大学の里見進《すすむ》学長なんだけど、いま国立大学が三つの機能に分化しなさいといわれている。国際水準を目指すというのが一六大学で、旧七帝大はみんなここに入ります、あとの二つは単科大学と、地方に貢献する大学です。だからその中で全大学を代表して話をすることが難しくなってきた。

鎌田　先生、政治の季節といわれる今、なぜ官邸とくっつかないんです。内閣官房参与が今は一四人とかいるでしょ。あの中に先生とか五神先生がいればね。あるいは任期を終えられてからでも入ってください。官邸とつながらないと動かせないでしょ、とぼくは思ってるんですけど。

山極　京大出身の人はほとんど入ってないんですよ。

鎌田　そうですよね。藤井聡《さとし》先生がいるけどね、工学部の。

山極　いるけどね、委員会のメンバーを見ても京大出身者はほとんどいない。東大はすごく多いんですよ。

鎌田　そこも変えないとね。でもぼくは文科省というかその上の官邸とつながる所に誰か入ってほしいと思うんだけど、京大からね。先生、総長やめたらぜひ内閣官房参与に。

山極　ぼくは政治は全然ダメですよ。

鎌田　政治をやるというよりも通路をつくらないとね。

山極　パイプですよね。

鎌田　文科省が動くポストを押さえないとダメですよ。

山極　それも一つの流れなんですよ。政府の委員会というのはね、どこかで断ると次が回ってこない。そういう悪循環が重なってね。昔は京大も何人もいたと思うんですよ。

鎌田　あ、そうなんですか。

山極　それが今どんどん減ってきているというのは、どこかで誰かが断ってそのまま別のところに回っちゃってる。

鎌田　先生みたいに何でも引き受ける人でないとダメですね（笑）。

山極　何でも引き受けるというと何だけど……。

鎌田　火中の栗を拾う人でないと。

山極　そうですね、部局長会議でも言ってるんですけど、なるべく委員会の委員の依頼を断らないでくださいと。そこからまた広がっていくのでね。京大の人はほんとに委員に名を連ねていない。

鎌田　そうですね。

山極　産業競争力会議もそうだし、いま高大接続システム改革会議も分科会に分かれてます。東大の人は一〇人以上入ってるのに、京大の人は一人しかいない。

鎌田　中央教育審議会は？

山極　中教審はいないです。

鎌田　あぁ、そうなんですか。

山極　そう、ほんとにひどいもんなんですよ。そういう委員は省庁が推薦してくるわけです。だからそれを一旦断ると京大ダメなんだなという印象を与えちゃうわけですよ。それを断らないでくださいと言ってるんですが、やはりね、東京にいると学事の隙間で行けるけど……。

鎌田　新幹線乗ってまで、というとね。

山極　そうそう。それでまずいんですよ。

鎌田　もう一つのぼくの戦略はね、三百～四百人いる教養の授業で受けもった京大生に、国家一種公務員試験、今の総合職（国家公務員一種総合）を受験させること。京大から国家公務員として霞が関へたくさん入らないと日本は変わらない。どうしても東大が多いから。三〇年ぐらいかかるでしょうがね。いま学生たちに受験を薦めてるんだけど、結構受かるんですよ、京大生ってもともと賢いから。でも、これまでは受けることすらしていないんですよ、それが勿体ない。受験料タダだし会場は京大だし受けろ！と（笑）。結構増えてきましたけど。

山極　あぁ、そうですか。

鎌田　そういうのと、先生が言うみたいに「上で断るな」というのと、両方必要ですね。京大から霞が関、永田町とか官邸に何とかルートを作りたいですね。
山極　実は京大の学生が行くインターンシップでいちばん多いのは省庁なんですよ。
鎌田　あ、そうですか。
山極　だから、まずインターンシップを増やすのも手かなと思って。
鎌田　なるほどね。
山極　やはり経済、法科というのはインターンシップに行きますから。総人（総合人間学部）も増やしてもらって……。
鎌田　理学部とか文学部とかもね、意外と官僚に向いているやつがいて、ぼくの教え子でもＮＴＴに入っていいルートを歩んでいるんですよ。理学部だからダメというんじゃなくて、才能のあるやつがいっぱいいるんですよ、営業だろうが何だろうが。そういうのはどんどん世の中で働いてほしいと思うんですよね。学者になるだけじゃないよって。
山極　不幸なことに、理学部なんかに入ると研究者になるために来たと思い込んでしまう。
鎌田　そんなこと全然ないんですよ。
山極　実社会に研究と両立するところがいくらでもある。
鎌田　そう、いくらでもありますよね。
山極　もっと学部時代に社会を知るような機会を与えた方がいいと思います。
鎌田　社会に出てから、また大学に戻ってきてもいいしね。

山極　そうそう。

鎌田　ぼくがそうなんですよ。学部卒で通産省（現・経済産業省）の研究所に入って。

山極　あ、そうなんですか。

鎌田　そこに一九年いて、教授にという話が来たんですよ。だから助手とか助教授はやったことないんです。

山極　やってないんだ。

鎌田　通産官僚の端っこにいたからＮＥＤＯ（新エネルギー総合開発機構）にも出向したり、お役人をやっていたんです。今でもそのときの人脈があるし、周りの教授とは違う発想でやっているんです。本を書くようになったことも大きいですね。役人ってそもそも書くことが商売でしょ。とにかく頼まれたら三時間でも何とか必ず仕上げるわけですよ。それが今の先生方はあまり書かないでしょう？もっと本も書いてほしいですよ。

アウトリーチが学問を救う

山極　今にして考えれば、モンキーセンターの五年半というのはとても貴重な時間だったと思っています。フリーランサーだったわけですよ。研究員も学芸員も、飼育員もやった。いちばん大事なことは、モンキーセンターは動物園であり博物館だから一般の人が訪ねてきて、その対応をしなくちゃいけないんですよ。どんなひどい質問に対しても真摯《しんし》に答えないといけない。

鎌田　そうですね。

山極　ひどいときには何時間も受話器を握ってましたよ。もう一つはテレビに出ること。

鎌田　あぁ、そうそう、NHKスペシャル見ました。

山極　あれも出たかったから出たのではなくて、業務だったわけですよ。

鎌田　あ、そうなんですか。

山極　モンキーセンターのサルたちをきちんと広報すること。だから学芸では『モンキー』という雑誌を出したり、取材が来ると必ずそれに付き合う。動物園については園長が付き合ってたけど、その他の学術についてはぼくがやる、というように分担してました。タモリさんのウォッチングが開始されたとき、三回目はぼくが担当だったんですよ。タモリさんを引っ張ってきたディレクターが是非モンキーセンターをやりたいと言うので、それはモンキーセンターを宣伝するために当然やらなくちゃいけないことだった。

鎌田　アウトリーチですね、いま流行《はや》りの言葉で言えば。ぼくは、研究者の五%はアウトリーチ専業でやらないとその学問はダメになると思う。理学部でも工学部でもいま全員が研究じゃないですか。それでは危うくて、やっぱり五%くらいは本気になってアウトリーチをしないと、その分野は生き残れません。ぼくは地球科学者で火山とか地震が専門ですが、いま仕事の九割くらいはアウトリーチにシフトしているんですよ。しかも、これはぼく一人でなく、もうちょっと人数がいないと困る。先生は研究と国際学会の会長と総長と、そしてテレビに出てマルチなんだけど、やっぱりそういうことがいずれもできる若手も育てないとね。ほんとにたった五％でいいんです、二〇人に一人くらいね。

山極　そうですね。ぼくの先輩たちでもね、アウトリーチを非常によくやった河合雅雄《まさを》先生がいます。一方、学術を究めて弟子たちをどんどん増やした伊谷さんは、いろんな学問の副産物を広げていろんな研究科をつくったりしました。お互い役割分担をわきまえてやってたわけですよ。ぼくらの世代でもっとアウトリーチをやってくれる人を増やさないといけないなとは思ってるんですけどね。

鎌田　お弟子さん筋でいまアウトリーチをする人、いらっしゃるんですか？

山極　あんまりいないですね。ぼくの元いた研究室の中村美知夫准教授はそういう能力がある人で、テレビにも出たり本も書いたりしてますけど。アウトリーチはね、日本語で本を書かないとダメなんですよ。特に理系の人たちは英語で論文書いたらそれで終わっちゃうんですが、そうじゃなくて自分の社会に対する責任と、社会への目というものを確かめるためには日本語で書かないとダメなんです。ただ日本語の自然科学系雑誌はすごく減っちゃっているわけですよ。ぼくらの時代には『アニマ』も『ＵＴＡＮ』も『自然』もあった。そういうところで書くチャンスを学生にも与えられたんですね。だから責任をもって自分の言葉として発することができたんですけど、今はそれができてないんですよ。

鎌田　そうですね。何なんですか、教授とか大学者になると、分かりやすく伝えたら自分の権威がなくなるとでも思ってるんでしょうか。実際には優秀な研究者ほど噛み砕いて説明してくれるんですけどね。山極先生はある意味でそのパイオニアだと思いますが、京大はもう少し組織として出来ないんですか、「アウトリーチセンター」みたいなものを立ち上げて。

山極　それをやろうと思って、出来るかどうか分からないけど、そのための人材を養成して発信力を強化する組織を作りたいと思っているんですよ、広報戦略という……。

鎌田　なるほど。で、いつ頃ですか？

山極　もう半年くらい企業に当たって資金作りにトライしてます。URA（リサーチ・アドミニストレーター）を中心に、まぁ中間職ですよね、サイエンスコミュニケーターとかサイエンスエデュケーター――ぼくがモンキーセンターでやってたようなこと――をしながら、きちんと正しい広報、分かりやすい広報をやっていかないとダメじゃないかと思っていて。

鎌田　そうなんです。広報戦略としては企業に寄付講座を作ってもらうのも一法かと思います。これまでの寄付講座の使い道って、研究オンリーですよね。もうちょっと社会に向かった講座も作りたい。中村桂子さんの生命誌研究館なんかＪＴでしょ、ああいうのが大学の中にあるといいですよね、寄付講座で。それこそ一回作ったら他の大企業もお金を出すでしょう。院生と助教の職も増えるわけだし、何かそういうのを是非やっていきたいですよね。

山極　資金がないとなかなか学内の賛同が得られなくてね。

鎌田　ぼくは賛成したいです。京大というのは研究だけしてればいいという風潮が強いんですけど、それを一気に変えたい。教育はよその私学の領分だとか思ってるんですかね。

山極　思ってる人も多いでしょう。だからアウトリーチに関してはあまり積極的ではない。

鎌田　そうですよねぇ。

山極　でも、それをやっていかないといけないと思う。それからアウトリーチをやる意味では、訓練になるのは中学生に話すとか……。

鎌田　そうです、そうなんです、「出前授業」とか。

山極　特別講義で他の大学へ行くとか。社会人に話すというだけじゃなくて、子どもたちに話すというのはとてもいいことなんですね。

鎌田　河合隼雄《はやお》さんが『小学生に授業』（朝日文庫、二〇一三年）という本を書いていて、読むと小学生に授業をして面白がらせないと教授は失格だと書いてあるんです。すごい殺し文句で（笑）。実際、これは大変なことです。でもそのとおりだと思うんですよ。河合隼雄さんくらいしかできなかったとも思うんだけど。やっぱり小学生、中学生への出前授業は非常に大事ですよね。彼らがいずれは京大に入るし、学問の裾野だけでなく日本のコアになるわけですからね。

山極　そう。だから嫌がらずに、負担だとか言わずに、分担しながらアウトリーチをやっていかないとね。

こぼれ対談② 京女たちの強さ

山極 ぼくは実はね、多田道太郎《みちたろう》、杉本秀太郎《ひでたろう》に心酔《しんすい》して日本小説を読む会に行ったことがあるんです。

鎌田 ええっ、そうなんですか。多田先生って現風研（現代風俗研究会）ですよね。鶴見俊輔《つるみしゅんすけ》さんとか井上章一《しょういち》さんとか、生粋《きっすい》の京都のね。

山極 現風研には参加しなかったんだけど、日本小説を読む会は面白かった。というのはね、多田道太郎とか杉本秀太郎とかいったらすごい大家《たいか》ですよね。でも研究会に出ていくと、名もないおばちゃんがね、いちゃもんをつけるわけ。あなた、わたしこれキライやわ、と（笑）。その一言でね、杉本秀太郎や多田道太郎がクシャンとなるわけですよ。

鎌田 ほぉー。

山極 批評というのはこういうふうにするものだということです。その研究会はそれを先取りしていて、テレビ界とかはその後ぜんぶそうなった。要するに好み、好き嫌いで物事を判断するようになったわけです。

鎌田 わたしキライやわ、ね。

山極 その一言でぜんぶ潰れるんです。すごいなと思った。そのときに男がね、ぼく嫌いやと言ってもダメなんです。

杉田 ほぉー、女の人ですか。

山極 女が言わないとダメなんです。識者はきちんといろんなことを言うわけですよ。あらかたまとまりそうになったとき、何を言ってるのか分からへん、わたしこれイヤやわ、と（笑）。

鎌田 そうそう、一言キライやわと言われたら、ぼく何にも言えない。

山極 そうでしょう。

鎌田 困っちゃうね。

山極 それはね、京都人の高い見識だと思うんです。例えば着物で、西陣の友禅《ゆうぜん》の職人といったらものすごい高い意識をもっている。でもその一言でクシャンとなる。それで歴史が塗り替えられてきたんです。微細《びさい》な根拠と見識に基づかない大胆な発言をしちゃうことで、常識をぶち壊す。それが女性だったんです。

鎌田　おばちゃんね。

山極　それは『源氏物語』から続いているわけですよ。

鎌田　そこまで遡《さかのぼ》るんですか？

山極　と、ぼくは思う。だって『源氏物語』って、もともと漢文の世界に仮名で殴りこんだんでしょ。

鎌田　たしかに殴り込みですね、あれは。

山極　しかも女性が。一夫多妻の時代ですよ。そのときに紫式部が、女性のいろんなあり様を源氏というヴァーチャルなモデルを使って表した作品が『源氏物語』。

鎌田　しかも暴露したわけですよね。

山極　暴露した。これはすごいですよ。しかも個人が書いた小説では、あれは世界最古ですよ。その四百年後に『デカメロン』が出てくるけど、ずっと後だし、実は女性が書いたか男性が書いたか分からない。日本というのはすごいですよ。いまだに女性によって動かされている。

鎌田　なるほどねぇ。

山極　それがいちばんよく分かるのが京都なんです。ぼくがそれを悟ったのは大学の学部時代で、金がないから料理旅館でアルバイトをしてた。木屋町《きやまち》をずっと五条の方まで行って、五条のちょっと手前の歴史のある料理旅館でね、今はもうないですけど。学生アルバイトですから、布団上げ、皿洗いですよ。そのときに仲居さんと仲良くなるんですね。あのときはまだ幇間《ほうかん》さんがいて、呼びに行く仕事もさせられるわけです。幇間さんがいろいろと芸をする現場を見ると、いかに京都文化が女性によってつくられているかが分かる。料理旅館なんて若女将と旦那の母との闘いですよ。毎晩戦争が繰り広げられる。その中に板前がいて、これが料理の中心だけど、板前は包丁一本だから、気に入らなかったらすぐ出て行っちゃう。それについて女将も出て行っちゃうこともあるわけで（笑）。

鎌田　なかなか乙な話で。

山極　いや、料理旅館ではよくある話でね。たまたまぼくのいた旅館ではそうじゃなくて、旦那は絵に描いたような遊び人、それで板前は板前の遊びをする。いやぁ、面白かったですよ。

鎌田　人間模様ね。

山極　よく舞妓さんや芸妓さんも来るわけだけど、それがどういう仕組みで成り立っているのかもね。京都という町がどういうふうに成り立っているか、ということだよね。料理旅館は一つの世界ですよ。仲居は仲居の世界があるし、板前は板前の世界がある。女主人、若旦那、みんなそれぞれ自分たちの世界をもっているんですよ。これがすごい。

鎌田　まさに京都ならではの社会構造ですね。

山極　旦那と奥さんって全然通じてない。旦那は旦那で勝手に遊んで、女将は経営にいそしんでる。板前はその両方を見て自分のやりたいことは何かをきちんと把握して。

鎌田　気に入らなきゃ出て行っちゃうと。

山極　それが微妙なバランスの上に成り立ってる。

鎌田　へぇー、そういう観察力を学生時代から鍛えてたからゴリラ社会でもやっていけたんですね。まさにフィールドワークだ（笑）。

第Ⅱ部　霊長類学の世界

ベートーベンとその家族のマウンテンゴリラ

第4講　家族の起源を探して

ダイアン・フォッシーとの出会い

鎌田　第Ⅱ部は「霊長類学の世界」ということで、先生のご研究の中心的テーマを伺いたいと思います。

山極　ぼくがニホンザル、ゴリラの研究を通じてやりたいと思っていることは、それぞれの種の社会構造を決定している基本的な要因とは何かを見ること、そして社会がどのように変化できるのかという可能性と、その変化をもたらす要因を知りたい。しかもそれを進化という時間軸に並べることによって、まさに自分がいちばん知りたい人類の社会性の起源という謎を解明したいと思うんですね。で、ゴリラの研究を始めた理由というのは、第2講で言ったように今西・伊谷の論争に端を発して、人間家族の起源を探る糸口をどこかで見出せないかと思っていたわけです。ただね、フィールド調査というのはそう簡単には答えを出してくれないんですよ。特に、条件のいい対象にめぐりあえるかどうかというのはかなり水物なんですね。

鎌田　そうですよねぇ。

山極　ぼくは一九八〇年六月に伊谷さんの仲介でダイアン・フォッシーと出会って、ものすごく気に入ってもらってね。たぶん何の経験もなく行っていたらゴリラの調査は許可してくれなかったと思うんです。だけどダイアン・フォッシーのやっているヴィルンガではない、マウンテンゴリラではない場所でゴリラの調査を九カ月やっていた、その実績をダイアン・フォッシーが気に入ったと思うんです。ただただゴリラを見たい、観察しやすいゴリラを研究したいという話じゃないぞということが。

ダイアン・フォッシーと

最初にダイアン・フォッシーが言った言葉を覚えてますが、あなたが（カフジで）調べたのはマウンテンゴリラじゃないわよ、それはイースタンローランドゴリラと言うんだと。シャラーはカフジのゴリラをマウンテンゴリラとしていたけれど、その後やはりこれはマウンテンゴリラと違うという話が出てきて、それが一般的になりつつあった。もう一つ、ゴリラにどうやって接近するんだと聞かれました。カフジではゴリラのやる仕草を真似て、いろいろやりながら近づく、フランス語でガイドが語りかけることもある、というような話をしていたら、ゴリラの声を出しなさいと言われた。ぼくがゴリラの声を出せるか試験をされたわけです。で、ゴリラの挨拶音を出してみたら、それはダメだ、こういう声を出せとやってみせる。でも非常に気に入ってくれて、一応試験には通ったわけです。

鎌田　その前に論文は出ているわけですね、九カ月の調査の。

山極　出てないです。論文が書けないからこそ行ったわけなので。ぼくがゴリラの最初の論文を出すのは一九八三年ですから、八〇年の時点ではまだ何も書いていない。

鎌田　じゃ、ゴリラの声と熱意で試験に通った？

山極　それと伊谷さんの信用だね。

鎌田　そうですか。ふーん。

山極　ダイアン・フォッシーは、日本人の個体識別という手法を見習って、ゴリラの一頭一頭、赤ん坊にいたるまで名前を付けた。その前のシャラーはね、名前を付けているんだけども、目立つゴリラにだけしか付けていないんですよ。ダイアン・フォッシーは日本人と同じくすべての個体に名前を付け、その名前にしたがって日々の行動記録をぜんぶ付けるということをやった。

鎌田　それは今西先生以来の日本のやり方？

山極　そうです。今西さんは無名の個体に名前を付けてすべての生活記録を記述せよというフィールドワークの指針を作った。日本の霊長類学は、今西さんも伊谷さんも河合さんもそうなんだけれども、シートン動物記に憧れたわけです。でも今西さんは、シートンを越えようとした。シートンは物語だから有名な個体だけに名前を付けたが、われわれはすべての個体に名前を付けて、彼らの中に入って同じことを経験しながらそれを記録していく、それがまさに文学を越える科学という方法であると言ったんですよ。ダイアン・フォッシーはその精神を受け継いだ。伊谷さんの話を聞いて日本人にシンパシーをもったんです。自分自身が研究者としての教育を受けていないということもあったんだけどね。ぼくがダイアン・フォッシーに会った一九八〇年というのは、ちょうど彼女がコーネル大学に在籍して学位論文を書いていたときで、まだ学位を取っていなかったんですね。

鎌田　そうなんですか、ふーん。

山極　ダイアン・フォッシーはもともと大学教育を受けていないんです。類人猿のパイオニア的研究者ってみんなそうなんだけど、ジェーン・グドールにしてもそうです。彼女ら二人と、あともう一人、ビルーテ・ガルディカスというオランウータンの研究者がいるんだけど、三人を選んで、まだ誰も手をつけたことのない野生類人猿の調査地に送り込んだのはルイス・リーキーという先史人類学者で、ホモ・ハビリス（二四〇～一四〇万年前まで存在していたとされる化石人類の一つ）の発見者なんですね。彼は化石からは分からない古い人間の行動や暮らしを、人間に系統的に近い類人猿から導き出すために女性を送り込んだわけです。しかもそれは高度な高等教育を受けている学者よりも素人の方がいいと。

鎌田　へぇー、すごい先見性がありますね。

山極　しかも女性の方が辛抱強く、動物から好かれやすいと考えたわけね。

鎌田　うーん、ノンヴァーバルな観察力が……。

山極　優れていると。その中でダイアン・フォッシーはアメリカ人で、アメリカの高等教育を受けていなかったから調査手法というのもアメリカ型ではないんですよ。シカゴ大学で高等教育を受けていたシャラーとは全く違う立場なんです。シャラーは動物学者として行ったわけで、しかもドクターをもっていた。ダイアン・フォッシーは調査の途中で日本にやって来て、伊谷さんと会って日本のやり方にものすごく共感しているわけですね。

鎌田　日本でも訓練を受けたんですか？

山極　いや、訓練は受けてない。でも、こういう方法で日本の学者はやったんだということを前から聞いていて、実際にニホンザルを見て、日本のやり方を間近で観察して、これこそ自分がやりたいことだったというふうに考えたんですね。不幸なことにダイアン・フォッシーは一九八五年に殺されてしまって、のちに映画になりますけど（『愛は霧のかなたに』一九八八年）、その中でゴリラの調査にやってきたアメリカ人の学生を追放するという場面があるんですよ。彼女は単に研究したいというだけでやって来て、ゴリラの保護に参加しない、あるいはゴリラのことを単なる動物だと思っている学生たちに敵意を抱くわけですね。そういう学生、あるいは研究者に対する不信感をもっていた彼女がぼくをとても温かく迎えてくれたというのは、日本の手法への共感も大きかったと思いますね。

ヴィルンガでのゴリラ調査

山極　それで話を戻すと、ぼくもヴィルンガに行くんですが、そのときダイアン・フォッシーはコーネル大学で学位論文を書いていたから一人で行った。彼女が留守の間をまかせたピーター・バイトとジョン・フォーラーという二人の若者がいましたが、彼らも学者じゃないんですよ。動物園で働いている人だとか単なる旅行者をピックアップしてきて、保全のための仕事をさせていたわけです。ぼくが行ったとき、すでにダイアン・フォッシーが「こういう日本人が行くからやらせてやってくれ」と知らせてくれていました。ぼくが最初に行ったときは留守だったけど、その後ダイアン・フォッシーの留守中を管理するケンブリッジの学生がやって来る、またカリフォルニア大学の学生やヤーキス霊長類研究所の学者たちがやって来るという話でした。そこで、人付けをした観察可能なゴリラのグループをそれぞれが分け合わなくちゃならないということになったんです。

ぼくはいちばん後から参加したから立場がやや弱く、ダイアン・フォッシーがこれまでずっとやって来たいちばんメインのグループを観察するプライオリティ（優先権）は若干低かったんです。だったらオスグループをやろうと。その当時、メス一頭とオス五頭で編成されているとみなされたグループがあったんです。これはゴリラとしては非常に変わったグループです。それからそのグループから離れて一人ゴリラになったばかりのオスが一頭いる。この二つをメインにやろう、ぼくはオスの研究をすると決めた。

他に二つの群れがあって、これはオスもメスもいて普通のタイプのグループなんですね。それを他の連中がやる。しかし彼らが休みを取るときはぼくはそっちを見に行くことを許されて始めたわけです。ということは、要するにぼくには休みがない。彼らが休みを取るときにはそっちに行って、それ以外のときはぼくのグループ、しかもオスグループと一人ゴリラと二つあるわけですが、それを毎日毎日調査したわけです。基本的に一カ月で休みを取ったのは二日か三日しかないですね。ほとんど毎日毎日、朝から晩まで調査をした。

そこで英語力も鍛え、ゴリラ語力も鍛えたんだけど、面白いことにダイアン・フォッシーのキャンプというのはね、それぞれの研究者が寝起きするキャビン（山小屋）があって、それぞれのキャビンから他のキャビンが見えないように作られていたんです。だから非常にプライバシーが守られる。なおかつキャンプの中にいる使用人の姿は見えないんです。朝起きると、ドアの前にお湯が置いてある。そこで身体を洗って、自分で食事をつくる。それでゴリラを見に行く。帰ってきてしばらくすると、ドアの前にお湯が置いてある。

鎌田　へぇー、すごい。

山極　それだけなんです。毎日ほとんど人間の姿を見ない。普通はガイドが連れていってくれるんだけど、ぼくは断ったんです。なぜかというと、ダイアン・フォッシーは地元の黒人にはゴリラを会わせなかった。黒人に慣れてしまうと、密猟者は黒人だから見分けがつかなくなって狩られてしまうかもしれないと思い、白人にしか会わせなかったんです。じゃ、ぼくはどっちなんだという話になるんだけど、最初にゴリラに会ったとき、ゴリラはぼくを白人のごとく認めてくれた――のかどうか分からないんだけど、ぼくを襲いはしなかった。だからガイドと一緒に行くことはできたんだけど、ガイドが自分の姿を一日中隠しながら、行くときと帰るときしかぼくと会わないというのは申し訳ない気がしてね。そんな仕事をするくらいだったらいなくていいよ、一人で行くからと毎日毎日断っていたわけですよ。

ところが屋久島と一緒で、ゴリラと毎日同じ場所で出会えるわけではないから、すごく遠くへ行っちゃうときもあるし、すごく近いときもあるわけです。毎日毎日行くからそういう様子が分かるわけで、一日行方を見失ったり休んだりしたら、今度どこへ行くか分からない。探すのにすごく時間がかかる。だから毎日行っていたわけですけど、結構大変なんですよ。道に迷って帰り道が分からなくなるときもある。だから何回か森で寝ましたね。赤道直下でも標高三千メートルを超えるから相当寒いです。

鎌田　そういうのって危なくないんですか、先生自身の生命の危険は？

山極　別に肉食獣がいるわけじゃないですから。でもいちばんヤバいのはゾウですね。ゾウとバッファロー。バッファローは陰険《いんけん》でね。夜中にバッファローが寝ているのを岩と間違える。分からないんですよ。で、ぶつかっちゃうと襲われる。それでケンブリッジの学生は腿《もも》をやられて大ケガをしました。

鎌田　先生は危険な目に遭《あ》われなかった？

山極　遭いました。バッファローに追いかけられて半日くらい木の上にいたことがあります。

鎌田　へぇー。

山極　バッファローは木に登らないからね。

鎌田　ずっと立ち止まって、イヤなやつですね。

山極　イヤなやつなんです、なかなかあきらめないで、ぼくの登った木の下をうろうろしてる。陰険なんです。でもこれがゾウだったら助からなかった。

鎌田　なぜ？

山極　だってゾウは木を倒しちゃうし、鼻があるから。山の上はそんな高い木はないから、せいぜいバッファローの三倍くらいの高さにしかいられない。幸運にも、ゾウに出会ってもゾウの方から避けることが多かったからよかったんですけどね。

現場で湧き出るテーマ

鎌田　フィールドワークの大変さ、困難さをたっぷり聞かせていただいたんですが、研究として結局何が分かったんですか？　論文に書けるような成果はあった？

山極　実はここまでが前置きなんだけど、結局さっき言ったように、大きなテーマはそれがかなうまで温存していこうと。

鎌田　うんうん、第3講の「戦略」の話ね。

山極　オスグループを追ったって、一人ゴリラを追ったって、すぐには家族の起源には肉薄できないわけですよ。

鎌田　大きな目的はそこですよね。

山極　だけどフィールドワークの面白いところは現場発見型でね、いろんなテーマがふつふつと湧き出てくるんです。例えばゴリラのグループは、一頭のオスと複数のメスでつくられているのが普通なんで、一頭のメスと複数のオスでつくられているのはおかしい。一体どんな原理でこんなグループが出来ているのか、これをまずやろうと思ったわけです。

それから、ゴリラのオスは自分の育った群れを離れてしばらく経ってから自分の群れをつくるわけですが、いろんな集団に出会って他の群れに入るニホンザルと違って、絶対他の群れには入らないんですよ。じゃあ他のオスとどう付き合うのか。その間にどういう経験をするのか。なぜメスが来てくれて最終的に自分の群れをつくれるのか。いろんな疑問が湧いてくるじゃないですか。そういうことが観察結果から分かるかもしれない、というんで毎日毎日見に行ったわけです。何が起こるか分からない。毎日毎日いろんなことが起こるわけですよ。

鎌田　なるほど。フィールドワークの醍醐味《だいごみ》ですね。

山極　そのうちにいろんなことが起こった。最初、目を皿のようにしてゴリラを見ていても何もしないんですよ。ニホンザルだったらすぐ仲間に近寄ってグルーミング（毛づくろい）とか、マウンティング（あいさつや緊張を和らげるために交尾のように相手の腰に馬乗りになること）とか、いろんなことをしてくれる。ゴリラは接触しない。近くにいてじっと坐っているだけ。そしてちょっと声を交わすだけ。何もしない。一体どうなっているんだと思ったら、あるときゴリラのオスがぼくに近寄ってきて、顔をのぞき込んだんです。ニホンザルがすることもあるんですけど、それは相手を脅していると きなんです。だからぼくはそのオスゴリラに脅されていると思って、ニホンザルの社会のルールだと相手の顔をまた見返すのは挑戦にあたるので、視線を避けて顔を伏せたわけです。そしたらそのオスはわざわざぼくの伏せた顔に顔を寄せてきて、正面から顔を見はじめた。おかしいな、ニホンザルだとこんなことやらないのになと、これはぼくに対するさらなる挑戦かと思ってますます視線を避けたんです。ところがまたこっちに来る。

おかしいなと思って、ひょっとしたらオレは誤解したのかもしれないと後から考えた。ニホンザルとゴリラの違いはここにあるんだと思って、彼らのやっていることをもう一度見直してみたんです。そうしたら彼らどうしもそういうことをやっているわけですよ。実際に接触しないと何かしたように見えないというのは、ニホンザルをやっていたせいでそう見えていただけ。ゴリラは離れて実はいろんなことをやっているわけですね。顔と顔を突き合わすということもその一つなんです。これはニホンザルでは起こらない。優劣というものがあるから。

のぞき込んであいさつ

鎌田　ははぁ、そういうことですか。

山極　優位なものが相手の顔を見つめる権利をもっていて、劣位のものは相手の顔を見返してはいけないわけです。それが彼らのもっている優劣という基準であって、だからこそ彼らの社会はトラブルなく成り立っているんです。劣位のものが顔を見返しちゃったら彼らの社会のルールは崩壊しちゃうんです。

鎌田　なるほど。

山極　しかしゴリラの社会では互いに見つめ合うことを相手に求めている。これは全然違う原理がここにあるんだなと。

鎌田　それは発見だったんですね。今まで誰も言ってなかった?

山極　誰も言ってない。それはさっそく調べ上げて論文にしました。

〝オスグループ〟の衝撃とホモセクシュアル研究

山極　それからあるとき、グループに一頭いると思っていたメスが実はオスだと分かったんです!これはもう衝撃でしたね。マウンテンゴリラというのは毛がむくむくしているから、若い個体は陰部が完全に埋もれてしまって、しかもチンポコもキンタマも小さいから外部から見えないんですよ。股を開いて仰向けになってくれないと見えない。あるとき陽だまりでそのメスが股を広げてぼくのすぐそばで寝ていたわけですよ。見ると、エッ、キンタマあるじゃないか、これはメスのはずがない、と。

鎌田　そもそもなんでメスだと思っていたんですか?

山極　ダイアン・フォッシーがメスだと言ったからです。

鎌田　あぁー。

山極　パティという名前が付いていました。

鎌田　最初から間違ってたんですね。

山極　たしかに六歳くらいまではオスとメスが分からないんですよ。メスも割れ目が毛の中に埋もれちゃって見えないからね。赤ん坊だったら分かるんですが、その時期に間近で見ていなければ分からない。パティはそのグループに五歳くらいに入ってきて、ダイアン・フォッシーは二年くらいしか見てないからね。メスだと勘違いしてパティと名前を付けたんです。じゃパティ、お前オスだったのか！と。これはびっくりしましたよ。

それからテーマが変わりました。メス一頭、オス五頭ではなくて、オスだけのグループということになる。ぼくもメスだと思い込んで疑っていませんでした。その半年前からなぜかというと、交尾が見られたからです。しかも正常位、背向位、パティが交尾をしはじめたんです。しかも正常位、背向位、いろんな形で交尾するわけですよ。六歳を過ぎたと思われるので、そろそろ発情しはじめたかな、と。ゴリラには発情の季節はないけど、発情周期はあります。それまでのレポートを見ても、大体六歳くらいから初発情が来るというので、発情しはじめたんだ、それで交尾してるんだなと思ってた。ところがオスでしょ。じゃ今までオレが見た交尾って何だったんだと。それでホモセクシュアルというテーマが浮かび上が

パティ

ってきたわけです。

それからしばらくホモセクシュアルに凝るんですけど、オスどうしがそんなに真剣に交尾の真似事をやるってことはあり得ないんですよ。なぜならば、人間以外の霊長類のオスというのはメスが発情しないと発情できないんです。そういう報告ばっかりなんです。だからオスどうしが勝手に発情することはあり得ない。発情メスがいればいいんですよ。いれば、その刺激を受けてオスどうしで興奮してホモセクシュアル行動が起こることはある。しかしメスが一頭もいない。近くにもいない。なんでそんなことが起こるのか。しかも射精までしているんですよ。

細かくデータを取っていたら、交尾とそっくりな行為が九八例もあった。その六頭のグループのあらゆる組合せでそれが起こっているわけです。起こっていないのは、シルバーバック（一三歳を越えた成熟したオス）がメス役をするケースです。シルバーバックどうしがやることはない。必ずシルバーバックとブラックバック（まだ背中の毛が白くならない一〇～一二歳のオス）、シルバーバックとサブアダルト（七～九歳の青年）、ブラックバックとサブアダルトだけなんです。それを毎日毎日ずっと見てました。それで帰国して、人間のホモセクシュアル行動に照らし合わせながら論文を書いた。これが基本的に一九八七年の学位論文の主要な部分になりました。

鎌田　どのくらいインパクトがありましたか。霊長類学会とかで、どういうふうに受け入れられました？

山極　初めはそんなに反響とかなかったですよ。性行動というのが当時そんなに話題にされなかった。

鎌田　なぜですか、すごい本質だと思うんだけど。

山極　いやいや、もともとホモセクシュアル行動は異常行動ということになっているから、進化の俎上に載らないわけだよね。だって自分の子孫を残すことにつながらないから。

鎌田　なるほど、そういう考えですね。

山極　その頃進化生物学というのが主流だったから、進化の俎上に載るようなインパクトのある行動の発見というのが重要なわけです。子殺しなんかその一つですよね。他人の子どもを殺して自分の子どもを残すわけだから。でもホモセクシュアル行動をいくらやったって自分の子孫を残さないんだから、意味がないとされる。

鎌田　冷ややかに見られるわけですか、先生の学位論文は。

山極　そうですね、だってどういう進化的意味があるのかという話になりますから。

鎌田　それに対してどういうふうにアピールしていったんですか？

山極　当時、ホモセクシュアル行動の解釈の仕方というのが社会生物学でいろいろあって、例えばホモセクシュアル行動を示す個体の縁者が子孫を残すことにつながれば、そういう行動は温存されるとする。あるいは、もともと両性愛者であって、それは異性とのセックスの練習なんだという考えもあった。もちろんそういう仮説はあり得るとぼくは論文に書いてます。人間の同性愛者は数としては少ないんです。アメリカのキンゼイ報告とかも読みましたけど、アメリカでは人口の大体二〜四％くらいしかなくて、遺伝的にホルモン異常の人だとか、疾患のある人が起こすというのが真正のホモセクシュアルで、あとは環境条件によるという話だったわけです。でもゴリラのオスどうしで起こるというのはどう理解したらいいのか。彼らの社会構造が大きく影響しているという新説をぼくは出したんですね。

鎌田　社会の話が始まるわけですね。

山極　対等性という、優劣ではない社会をつくるということが同性間でセクシャルな行為が起こることに大きく影響している。ニホンザルの社会のように優劣という関係にあると、オスどうしは思春期に優劣関係を確実に認知するようになっちゃうわけです。そうするとセクシャルなモティベーションは浮かばないし、そういう関係に入らない。セクシャルな関係では、オスメスにおいても優劣は逆転するか、あるいは解消される。優劣関係を認知することが、オスどうしがセクシャルな文脈をつくらないことにつながるわけですよ。だからニホンザルではオスどうしでホモセクシュアルな行為は起こらない。ゴリラでは起こる。対等性、さっきののぞき込み行動もそうなんだけど、優劣というものを表面化しない彼らの社会というものがつくる一つの副産物なんだという説を展開したんですけどね。ま、それは評判にはなりませんでした。

だけどぼくの仮説は決して間違いではないと思っています。そういう中で、オスの生活史という論文を一つ仕上げることができた。これまではゴリラの社会は、両性、オスとメスが一緒にいるグループで、オスだけが集団を出てメスは移籍をしていく、そういう形しか分かっていなかったけれども、オスはオス集団に入るというオプションもある。その中で一人ゴリラというのをつくりながら、オスどうしの付き合いも連続しながら、やがて自分の繁殖集団をつくっていく。だからオスはずっと子どもでいるわけではなくて、ホモセクシュアルを通じて群れを離れてもセクシャルな文脈というものを経験できる、そういう説を立てたんです。

今西・伊谷論争決着

山極　そしてそのときにね、「集団のエイジング」という仮説を立てたんですよ。集団というのは、一人ゴリラがまずメスを得て、ペアの集団をつくりながらメスの数を増やしていく。だんだん子どもが大きくなると、子どもは父親と同等な力をもつようになる。そうすると息子は出て行くわけですね。娘も集団の外に配偶者を求めて出て行く。でも父親が衰えてくるとそこに力のある息子たちが残って複数のオスを含む集団になる、そして父親が死ぬと今度は息子が集団を引き継いでいくという別のプロセスができる。つまり集団にもいろいろあって、メスを得たばかりの若いオスが率いる集団は攻撃的だけど、熟年のオスがいる集団どうしは闘い合う必要がないから、お互いに緊張関係をはらまない。このときに、伊谷・今西の論争に決着をつける仮説ができたんです。

鎌田　なるほど、そこにつながるわけですね。

山極　シャラーが見ていたのは、そういう年寄りのオスを含む集団ばかりだったんです。だから複雄《ふくゆう》群《ぐん》が多いわけですね。でもダイアン・フォッシーが見たのは実は新しい集団ばかりで、オスがメスを獲得しようと思って対立し合っている時期の社会を見ている。つまり集団どうしがぶつかってオスがケンカをして、子殺しをして何とか自分のメスを得ようとする、そういう状態の社会を見たんです。シャラーとフォッシーの間の時期に何が起こったかというと、実はルワンダ政府の方針で、ゴリラの生息域が農地に転換され四〇％も削られたわけです。そのためにゴリラの集団の行動域が圧縮されて、それまで一人ゴリラだったオスがどんどんメスを獲得して新しい集団をつくりはじめたんです。そういうプロセスがあったんですね。

鎌田　ぜんぶ種明かしが出来たんですね。

山極　出来たんです。仮説ですけどね、それは。でもおそらく間違いではない。

鎌田　それは何歳のときですか？

山極　学位論文を書いたときなんで、モンキーセンターにいた頃で三〇代の前半かな。

鎌田　それでゴリラ学の見方がガラッと変わったわけですね。

山極　そうですね。

争わないゴリラ

鎌田　先生のご著書で「争わないのがゴリラ」だという話がよく出てきて、これを人間にまで派生させて論じていらっしゃるのが興味深いのですが、そのいちばん最初の発見というのが学位論文なんですか？　勝ち負けのないゴリラ社会とか。

山極　いや、そういうわけではないんですよ。それはまた別の文脈でね。

鎌田　あ、別の文脈ですか。

山極　歴史的に見て、欧米人によってゴリラが発見されたのが一八四六年で、一八六一年にポール・デュ・シャイユという探検家が、ゴリラはとても残忍《ざんにん》で、闘い好きで、凶暴《きょうぼう》な野獣であると探検記に書くわけですよ。それでゴリラの凶暴性というのが世界に広まってしまう。その後一八六〇年代に初めてロンドン動物園に生きたゴリラがお目見えするわけです。そこから探検家たちがこぞってアフリカにゴリラハンティングに出かけるわけですよ。それで捕まえたゴリラを世界中の動物園に送り込む。

鎌田　ふーん。

山極　だけど凶暴な野獣というレッテルが貼られているものだから、繁殖はできなかった。鎖につながれて一頭一頭で暮らすというのがずっと続いて、ゴリラをモデルにした『キングコング』という映画が作られるんです。最初にゴリラの子どもが動物園で生まれるのは一九五六年。

鎌田　へぇー！　そんなに最近。

山極　アメリカのコロンバス動物園でね。だから実に百年近く経っているわけです。そこまでゴリラって誤解されているんですよ。野生のゴリラ研究が始まるのが一九五八年。ダイアン・フォッシーが調査を始めるのが一九六七年ですが、その頃にはまだゴリラは凶暴だというイメージなんです。

鎌田　あ、そうなんですか。『キングコング』の映画ってちなみに何年ですか？

山極　一九三三年。

鎌田　戦前なんですね。
山極　だけどもう何度もリメイクされてますね。
鎌田　凶暴なゴリラ像がリメイクされちゃうんですね。
山極　一九六三年にシャラーが初めてそんな凶暴ではないゴリラ像をモノグラフに書いて、ダイアン・フォッシーが実際にゴリラの群れの中に入っていってゴリラの行動を観察し、いやゴリラは全然凶暴ではないですよと言い出す。それがだんだん浸透して、ゴリラは闘い好きでも何でもない、むしろ平和好きと知られるようになった。
鎌田　そんな歴史があったんですか。
山極　胸をたたくドラミングというのは、宣戦布告ではなくて、お互いに離れて対等に共存しましょうという提案なんだということが分かってきたということですね。それはぼくの発見ではなくて、徐々に先駆者たちが明らかにしていったことです。ぼくが観察を始めた頃はまだゴリラが凶暴だという話でした。

家族の起源問題の背景

鎌田　ではいよいよ家族の話へと入りたいのですが。
山極　これもちょっと背景を語らないといけないんだけど、家族の起源という問題では、日本モンキーセンターが一九六〇年までに三回、日本のゴリラ調査隊をアフリカに送ったんです。それは、人間家族の原型をゴリラの社会に見つけたいという今西さんの願望が反映していた。でも一九六〇年にアフリカの国がどんどん独立して、ゴリラの生息域がほとんど戦乱に巻き込まれたものだから、ゴリラの調査を諦めてチンパンジーに移った。家族の起源はチンパンジーにも見出されるに違いないという希望をもっていたわけです。ところが伊谷さんのチンパンジー調査を引き継いだ西田利貞さんが、チンパンジーには家族の原型はないと宣言するわけです。それで一旦、家族の起源を追求するという今西以来のテーマは消えるんです。

そのとき伊谷さんはプレバンド仮説というのを出すわけね。今西仮説は、家族という最小の集団があって、いくつかの集団からコミュニティがつくられたとするけど、プレバンド仮説というのは、最初にコミュニティがあったんだと、そこから家族というものが内部につくられていくという話なわけですよ。チンパンジーの一つの集団をユニット集団と呼んだり、ジェーン・グドールのようにコミュニティと呼んだりしますが、これは伊谷さんが一九七〇年代に調査をしはじめた狩猟採集民、ピグミーやブッシュマンのバンドと呼ばれる、複数の家族を含んだコミュニティに匹敵する単位だというわけです。

鎌田　「自然」（21号）で書かれてますね（一九六六年）。

山極　チンパンジーとピグミーのバンドが違うのは、ピグミーはその下位構造として家族をもっているけど、チンパンジーはもっていない。コミュニティだけ。だからチンパンジーと同じような祖先から出発した初期人類はその中に家族を析出《せきしゅつ》させるような方向性を見出していったという仮説なんです。

鎌田　なるほど。

山極　チンパンジーの方がゴリラよりも人間に近い行動をする。道具を作ったり、ハンティングをしたり、食物を分配したり。それはゴリラには見られなかった。だから、社会の研究として日本の霊長類学者は、どんどんチンパンジー研究の方に移っていくわけです。その後すぐにピグミーチンパンジー（ボノボ）の研究が加納さんによって始まる。ゴリラというのは忘れ去られていく存在だった。

鎌田　はぁー。

山極　ぼくがゴリラ研究を始めた頃、一九七八年は日本の研究の中心はチンパンジーとピグミーチンパンジーだったわけです。ぼくはマイノリティとしてゴリラを始めた。

再びカフジへ

山極　ヴィルンガでの調査の次にぼくが注目したのは、それまでゴリラの研究もチンパンジーの研究も、チンパンジーしかいないところ、ゴリラしかいないところで行われていたということです。ところが振り返ってみると、ぼくが最初にゴリラの調査を始めたカフジでは、ゴリラもチンパンジーも一緒にいるんですよ。もしそれまでの見識、チンパンジーとゴリラは全く違う社会構造をもっていて、それはチンパンジーとゴリラが違う環境でそういう社会構造を進化させたからだという話にのっとるならば、じゃ同じ環境でどうやって暮らしているのかということになる。ぼくの興味はそちらにシフトしたんです。もちろんダイアン・フォッシーが惨殺されたということも大きなきっかけになりました。これ以上ヴィルンガではできない、ぼくは最初のフィールドに戻ろうと。そのときカフジでやった九カ月がものすごく生きてきたわけです。

鎌田　なるほどね。

山極　もう一つ言えば、マウンテンゴリラというのはチンパンジーの住めないほど山の上の方、標高三千メートルほどの所に住んでいる。チンパンジーはもっと下にいるわけですよ。じゃ、チンパンジーが住めるような環境でゴリラの社会構造は果たして同じなんだろうかと。マウンテンゴリラは分かったけど、他の地域のゴリラもそうだとは限らない。ニホンザルで、下北と屋久島のニホンザルが違う社会をもっている研究がありましたからね。マウンテンゴリラだけ見ていてはゴリラの社会構造は分からない。そもそもゴリラの九〇％以上、マジョリティは低地に住んでいるわけですから、やっぱり低地で調査をしたいと思った。そしてチンパンジーと共存しているところで、チンパンジーとゴリラがなぜ共存できるのか、それは違う社会構造をもっているからなのか、違う食物を食って、ニッチ（それぞれの種が生息環境で占めている生態的な地位、暮らす空間や時間、食物などを指す）を分割しているのか、この二つをテーマにしようと思ったんです。それをカフジで始めた。

鎌田　ははぁ。

山極　広域調査もやったんですが、びっくりしたことに、チンパンジーとゴリラは同じものを食べているということが分かったんです。同じような食性をもつ近縁の種は同じニッチには共存できないとする、それまでのニッチ分割の原則に反するわけですよ。ゴリラとチンパンジーは同属ではないけれども、非常に系統的に近い動物ですからね。同じ食性だったら互いに競合するはずなのに、なぜ競合せずにやっていけるんだろう、ということですね。それをまず知りたいと思った。

もう一つ大きかったのは、ぼくがマウンテンゴリラの調査でヴィルンガに行ったときに、カロライン・トゥーティンというイギリス人の研究者と出会って、低地でも調査できるんだということを初めて知ったんです。彼女はもともとタンザニアやセネガルでチンパンジーをやっていたんですが、その頃ガボンの低地でゴリラの調査を始めたんです。その方法を学ぶためにマウンテンゴリラの見学をしたいというので、ダイアン・フォッシーがいなかったからぼくがその相手をしたわけですよ。

その後、一九八三年にぼくもガボンに行くんです。カロライン・トゥーティンの調査地を訪ねたんだけど全然ゴリラは見られなかった。チンパンジーに出会って、追っているうちにぼくは道を見失って遭難《そうなん》するんだけどね（笑）。彼女も心配して軍隊のヘリとか呼んでいるうちに、ぼくが何とか道を見つけて帰還した。ジャングルの中で豪雨に見舞われ、食料もなしに倒木の下で野宿した。大変だったね。それはいいとして、そのときにこういう世界もあるな、と感動しました。そのときぼくはまだ本物の熱帯雨林は知らなかったんです。そこは全くヴィルンガの山地林とは違う。その体験をしてから、どこで調査をするかという話になったとき、カフジ山というのは標高三三〇八メートルなんだけど、ゴリラがすんでいるのはずっと低い。西側に下っていけば、標高六百メートルの低地に行き着く。高地にも低地にもゴリラとチンパンジーがいるということだった。

鎌田　見晴らしはいいんですか？　低地は悪いのでは。

山極　いや、悪くないですよ。熱帯雨林ですから下生えはまばらで……。

鎌田　下は見える？

山極　ものすごい山地ですがね。川筋が標高六百メートルで、一二〇〇メートルの山々が複雑に入り組んでる。そこでやろうと考えて、モンキーセンターに入って二年目だったんですが、科研費（日本学術振興会の科学研究費）に応募しようと思ったんです。だって何の金もないし、モンキーセンターも出してくれないしね。海外調査をやるためには科研費を取らなくちゃ、と。その当時は科研費の案内も来てなかったので、文部省に問い合わせたんですよ。そしたら文部省の担当官がモンキーセンターってどういうところですか、愛知県には心身障害者コロニーというのがありますけど、サルのコロニーでもやってるんですかと言うんです。エッ、いやここは財団法人できちんと文部省に認められた研究機関ですよ、と。でも最近、全く科研費をとったことがないと言うんです。じゃ、ちょっと説明に行きますと言って、そのときの所長と一緒に文部省に行きました。それで書類を送ってもらって、ぼくはまだ三〇代の前半だったけど、研究代表者として海外学術調査に応募したんです。それが運よく通ったわけですよ。

鎌田　通った、ほぉー。

山極　モンキーセンターとしては年間一千万円を越える科研費を取るというのは、当時初めての話だった。でもあの頃の科研費って、覚えてらっしゃるかもしれないけど、最初にはお金が出ないんですよ。

鎌田　だいぶ経ってからですよね。

山極　七月くらい。

鎌田　そうです、そうです。

山極　こっちは五月くらいから出かけたいので、そのために借金しないといけない。でも普通の銀行は借金には利子をつける。利子というのは科研費で払えないから、利子をつけずに貸してくれと交渉に行かないといけない。それを地元の、あの頃はまだ協和銀行だったかな、そこに行って交渉して何とか利子を付けずに金を借りた。当時モンキーセンターの常務理事で霊長研の所長だった河合さんに紹介してもらって、何度も説明に行ったりしてね。

鎌田　それは大変でしたね。

山極　事務も慣れてないから、書類はほとんど自分で作りました。ともかく予想外に科研費が取れた。ぼくは申請書を書く段階で、一人でやる時代ではもうないな、いろんなやつを引き込もうと思っていて、ここで屋久島が甦るわけです。屋久島で一緒にやった丸橋、それから当時屋久島にいた湯本貴和《たかかず》という植物生態学者、この三人でやろうということになった。

　ぼくはダイアン・フォッシーが惨殺されたときに、心に誓ったことが二つあったんです。一つはダイアン・フォッシーが殺された理由は、地元の密猟をしているような人たちの支持を得られなかったからということ。もう一つ、とりわけ地元の研究者を育てなかったからだということ。だからぼくはこの二つをやろうと思ったわけです。

コンゴでの調査と脱出劇

山極　次の調査地はコンゴ（ザイール共和国、現コンゴ民主共和国）と決めていたんだけど、その調査隊に地元の研究者を入れたいと考えた。当時ぼくの相棒としてモンキーセンターに採用されたリサーチフェローの濱田穣《ゆずる》という形態学者も入れて、形態、植物生態、サル、類人猿、みんなやろうと思った。同じ環境に一緒に暮らしている霊長類の種間の関係を進化史的に解明したいと思ったからです。で、是非ともコンゴの研究者にはチンパンジーをやってもらって、ゴリラとチンパンジーを両方やろうと、この二本立てで調査を開始するんです。それが首都のキンシャサで動乱が始まる一九九一年まで続くんです。

鎌田　あぁ、そういう時期ですか。

山極　一九八八年にモンキーセンターを退職して、霊長研に移りますが、そのときも科研費はずっと続くんですよ。だからぼくは一九八四年に科研費を取ってから教授を退職するまで、ずっと科研の代表者をやっている。

鎌田　へぇー。

山極　最初は海外学術研究だったけど、それから基盤研究Aになって、基盤研究Sになって、実は今も基盤研究Aを取っているんです。科研費には本当にお世話になって、ぼくの研究を支えてもらっているんです。だからぼくのはグループ研究なんですよ。もちろん単独でしたこともありますけど、調査隊を組んで向こうの研究者も加えてやりました。低地と高地でゴリラとチンパンジーを両方やるということをコンゴで始めたんですが、そのとき知りたかったのは、さっき言ったように、ゴリラとチンパンジーはなぜ同じ物を食いながら共存できるのか。動機としては、人類の祖先はこれまでにアフリカに二〇種類以上誕生しているわけですが、中にはチンパンジー属とゴリラ属のように、属の違う人類が同じ場所で共存している期間も結構あるわけです。

鎌田　ネアンデルタール人とか、そういうことをおっしゃってるんでしょうか？

山極　ネアンデルタールというのもそうなんですけど、ホモ・ハビリスやエレクトスとアウストラロピテクス・アフリカヌスやパラントロプス・ボイセイとか、そういう別属や別種の人類が共存している。東アフリカと南アフリカでね。結構あるわけですよ。しかもネアンデルタールと人類だったら両方ともホモですから、同じホモ属の中の別種でしょ。これも共存しているわけですよ。これはどういう理由によるものなのか、それを実際にゴリラとチンパンジーで調べてみたい、そういう動機もあったわけね。

鎌田　なるほど。

山極　それ以後ずっと、現地の研究者を育てながらやってきた。最初に一緒に始めたムワンザ・ンドゥンダというぼくより一歳上の研究者はロシアに留学してニホンジカの研究で博士の学位を取っているんですよ。コンゴに帰ってきたので彼をリクルートして一緒にやろうと始めた。でも大変でしたね。とにかく車を買わなくちゃいけないと最初は現地で調達したんだけど、すぐに壊れてダメになった。結局日本から二台送りましたね。霊長研に移ってからは、二人の子どもが小さかったので連れて行こうかということになった。

鎌田　現地に？　ほぉー。

山極　二歳と四歳のときに一〇カ月、また一年おいて今度は四歳と六歳のときに一〇カ月、行ったんですよ。

鎌田　食事とかどうするんですか、奥さんも……。

山極　コンゴって面白い国でね、一九六〇年代に独立するんですけど、いろいろ動乱が続いたあと大統領になったモブツという独裁者は、ヨーロッパの研究所よりも大きな国際研究所をつくりたい、大きな国際都市をつくりたいという野望を抱いていた。で、実はベルギーの植民地時代にカフジ＝ビエガ国立公園のすぐそばに中央科学研究所というのが出来ていたんですよ。これは植民地時代の贅《ぜい》を尽くした素晴らしい研究所で、でもそれが独立戦争で廃墟《はいきょ》になっていた。それを少しずつ修復しながら、モブツ体制でコンゴ人の研究者が使いやすいようにしていた。かなりボロボロになってましたけど、ぼくらはそこを借りて住んで、ベルギー人やドイツ人に昔仕えたことのある地元の人たちに食事を作ってもらったり、子どもの世話をしてもらったり、たくさん人を雇っていました。給料が安かったし、あの頃円が結構高かったからわりとお金が使えたんです。

鎌田　そうそう、ぼくはフィリピンのフィールドワークでしたが、現地でたくさん雇わないとダメなんですよね、ドアマンから何から。そうやって現地の人と仲良く一緒になる、という。日本人だけで勝手にやっちゃいけないんですよね。

山極　それが平和の方法だし、現地流ですね。ぼくの妻は絵描きなもんだから、とても楽しんでましたよ。

鎌田　あ、アフリカの大地で。

山極　子どもの世話をしないといけないけど、ベビーシッターも使用人たちもみんな遊んでくれるし、すっかり自分の時間を取れてね。

鎌田　意外とよかったりして。

山極　すごくよかった。ただ結局内戦が始まっちゃって、ぼくらはエヴァキュエイト（国外脱出）することになるんですけどね。それまでは非常に平和にいろんな調査ができました。

鎌田　内戦のときは大変だったんですか、突然戦争が始まって？

山極　突然ですね。

鎌田　大使館から帰りなさいと？

山極　いや、大使館はキンシャサにあるから一千キロ以上離れているんです。

鎌田　あ、そんなに離れてるんだ。

山極　ぼくも二回目に行ったときはちょっとヤバいなという予感もしていたから、行きにパリに寄って、日本大使館にいる友人に会っていたんです。その友人は昔コンゴのキンシャサの日本大使館に勤めていたことがあって、いろいろ助言をしてくれた。山極さん、コンゴで誰を頼ればいいと思う？と言うからね、日本人はいないからなと言うと、まずアメリカ人は頼れません、と。アメリカ人は自国の人間すら助けない。そしてベルギー人も頼れません。ベルギー人は兵隊でもすぐに逃げちゃうから。フランス人を頼りなさい、と。フランスの兵隊は他の国の人々でも助けてくれる、しかも中央アフリカに大きな駐屯基地をもっていてすぐに飛んできてくれる、だからフランス人と仲良くなっておいた方がいいよ、と言うんです。で、フランス人と仲良くなりましたよ。ドイツ人とも仲良くなってね。GTZという日本のJICAみたいな組織で援助にやって来ている連中がいて、それがナショナルパークのインフラ整備に取り組んでいたから、彼らといろいろ付き合いながら、すぐ脱出できるような手筈は整えていたんですよ。

鎌田　実際、動乱が起きてすぐに避難を？

山極　ちょうど丸橋が来て短期滞在で帰るというときに、近くには国際飛行場がないので隣国へ行って飛行機に乗せないといけなくて、家族で彼を送っていったわけです。そしたらたまたま泊まっていたホテルのテレビで、首都のキンシャサに動乱が起こったというニュースが流れた。おい、これはもう帰れないぞと、慌ててパリの日本大使館に電話したんですよ。さっきのぼくの友人が、山極さん、もうダメですよ、帰らないでください、すぐパリに来てくださいというので、まずコンゴ国内に少し残っていた日本人研究者を脱出させた。まだキンシャサの動乱が東に波及《はきゅう》していなかったから、やすやすと国外に出られました。

みんな脱出して、ぼくはパリに行ってしばらく動乱が収まるのを待っていたんだけど収まらないから、家族は帰して、ぼくは隣国のブラザヴィルコンゴ（コンゴ共和国）の方に飛んで、そっちでまた別のゴリラの調査をやったんです。

鎌田　ふーん、間一髪？

山極　間一髪ですね。あれは運がよかった。

フィールドでの運と勘

鎌田　先生、「運」についてお聞きしたいですが、調査で運がいい方ですか？

山極　運がいいといつも言われますね。

鎌田　ぼくも伊豆大島の一九八六年の割れ目噴火でまっ赤なマグマに追いかけられましたけど（二〇二頁写真）、運よく当たりませんでした（笑）。

山極　ご存じだと思うけれども、フィールドワークというのは、ちょっと冒険しないと新しい発見ができないんですよ。だから例えば、もう暗くなってゴリラがどこへ行くか分からない、これ以上行くと迷うかなと思いながらも止められないわけです。これを止めたらせっかくここまで来たのが、と思って迷っちゃう覚悟で行くと、たまにすごいものを見たりするんですよ。でも迷っちゃう。そのときに運がよければ助かるんですね。そこを踏み越えないと運のよさにもめぐりあえない、ということになる。

鎌田　同僚とかで亡くなっている方はいる？

山極　そうですね、いますね。

鎌田　フィールドの調査中とか？

山極　ええ、それはしようがないと言えばしようがないですね。

鎌田　撤退というのも大事なことだと思いますけど、どういうふうに撤退されます？

山極　うーん、勘ですね。これ、ヤバいなというときがあるんですよ。でもたいていは乗り越えちゃいますけどね、ぼくはね。大体そういう、これまで経験したことのないところに放り込まれることが多いので、結局その場その場で判断しながらやっていかなくちゃならないんです。あるときはすごく用心深くなりますよ。

鎌田　どういうふうにですか？

山極　例えば国境を越えるときに雰囲気で分かるんですよ、これはちょっとヤバいなと。ぼくら大体は陸路で国境を越えていきますから、ちょっとイミグレ（入国管理局）の連中が金を欲しがってる、聞いてみると給料が二カ月支払われてないと。これはちょっとヤバいなと、そのときは用心するんです。そいつらだけの問題じゃなく、他の連中も二カ月以上給料が遅滞しているから金を欲しがっているということで、これは気をつけないといけないな、と。

鎌田　具体的にそこをどうやって通過するんですか？

山極　通過するのは簡単です、金を払えばいいんだから。

鎌田　やっぱり渡す？

山極　コンゴみたいな国では金をやるのは常識です。

鎌田　あぁ、そうなんですか。
山極　わずかでいいんですよ。そこで抵抗すると、ものすごい意地悪をされたり、金を強奪されたりということになりかねない。だから払っとくといいんです。ちょっとだけ、ビール代だけでいいんです。
鎌田　直感的に、ここはヤバそうみたいなことを感じとるわけですね。
山極　もちろん国境だけじゃないけど、こういうようなことがあるとこの国はヤバいぞ、と。
鎌田　そんなふうに見るわけね。ぼくもフィールドに出るけど、急に天気が悪くなったり、火山弾が降ってきたりしますが、それこそ人災や動乱とかと、どっちが怖いものなんですか。
山極　もちろん天災も怖いんだけど、森の中を歩くときは地元のガイドか、あるいはゴリラがいい指標になるんですよ。ゴリラについて歩けば絶対問題ないです。
鎌田　安全なの？
山極　安全なんです。だってゴリラが先に道を見つけてくれるわけ。
鎌田　そうかそうか。
山極　ゴリラもゾウが大嫌いですし。
鎌田　なるほど。
山極　ゾウが近くにいるのを察知して迂回してくれますから。
鎌田　はぁー。

山極　それで大丈夫なんです。ガイドも自分が嫌なことはやりたくないので、変な道だったらすぐに避けるし、ヤバいなと思ったことはすぐに教えてくれる。それでもいい観察条件を得ようと思ったら無理をするわけですがね。

鎌田　ぎりぎりまでね。

山極　ガイドを止めて、いやオレは行く、といってゴリラにやられたことがありますけどね。

鎌田　ゴリラが襲ってくることもあるんですか？

山極　ありますよ。ぼく自身は、追い過ぎて、二頭のゴリラに前後挟まれて頭をかじられ足も咬まれて、重傷で頭を五針も縫いました。血だらけになって、足もザックリやられているから歩けないんですよね。

鎌田　ガイドさんが運んでくれた？

山極　ガイドというか地元のアシスタントだけどね。彼は森の中をよく知っているやつなんだけど、まだゴリラがわれわれに慣れてない頃だから、ぼくは制止を振り切ってゴリラを追っかけていって、途中でゴリラが苛立って攻撃してきたんです。彼はぼくの下になったから助かったんだけど、ぼく自身はやられましたね。大変でした。

病院のある近くの町まで八〇キロあるから、到底行けない。村までは二キロある。縛らないと傷口が開いちゃうのでタオルで縛ったんだけど、今度は歩けない。しょうがないから、傷口を開けたまま歩いて、村に行くには川を渡らないといけないから丸木舟に乗ったらすごく魚臭いんですよ。何だろう、魚でも下ろしたのかと思ったら自分の血の匂いだった。

診療所には医者はいなくて看護師さんが一人だけいる。だけど看護師さんには縫う技術はない。でもそのとき、これも運がよかったんだけど、ぼくが一緒に連れていったガボン人の獣医がいたんです。しかも、われわれのやっていたNGOがその村に医療品を寄付するというので抗生物質とか医療品をもっていったんですね。その薬を使えた。獣医がぼくの傷をみて縫ってやると言ってくれたんですよ。頭と足と、麻酔なしでね。診療所の真ん中でやるから村人がみんな来て窓から見てるんです。こっちは悲鳴一つあげられなくて大変でした。

鎌田　はぁ、修羅場《しゅらば》くぐってらっしゃいますねぇ、先生。

山極　それでもね、咬んだのがメスだったから助かったんですよね。オスに頭咬まれてたら死んでます。五センチメートルもありますからね、牙が。

家族の起源という問題

鎌田　じゃ、またちょっと家族の起源の話に戻しましょうか。

山極　そうね。今でも家族問題っていろんなところで議論されているじゃないですか、心理学者も社会学者も、哲学者も問題にしてますね。

鎌田　そう、哲学者もね。

山極　もともと家族の起源という問題は、ダーウィンの進化論のあと社会進化論というのが出てきて、それまで文化人類学をやっていた、ルイス・モルガンたちが、一九世紀の終わりに人間に普遍的な社会単位である家族というのは、いつどのようにして出来たんだろうかと、社会の発展の問題として捉えたわけです。そこに進化という概念を当てはめて論じはじめた。

但しそれは二〇世紀になると大きな批判を浴びたわけです。それはフランツ・ボアズ一派の文化相対主義に端を発するんだけど、人間の文化の一片を切り取って、どちらが優れている、どちらが進んでいるというような評価をくだすべきではない、と。文化というのは相対的なものであって、どちらが進んでいる、どちらが遅れているというようなものではない。同じ時間をたどって進歩発展を遂げてきたものだから、評価できるものではない。文化の中でこそ意味があるのであって、文化の中で機能しているものを取り出して他の文化の中に置き換えたからといって、それが機能するわけではない、そういうものを論じてはいけないという話になってきたわけですね。

進化という概念を人間の社会に適用しない風潮は、二〇世紀前半に欧米では主流になったわけです。だから社会進化を動物に当てはめて、動物社会から人間社会の連続性を論じる今西の思想が大きな批判を浴びたんですね。

鎌田　はぁー、そういうことですか。

山極　二〇世紀前半というのは、人間のことについては動物学者は語るな、動物学者は人間以外の生物を扱いなさい、自然現象を扱いなさい、人間のことについては文化人類学者、社会人類学者がやるべきだ、と。そこに進化という概念をもち込んではいけないと言われたんです。そこであえて、その風潮に反して自らの論理を展開し始めたのが今西なんです。そのときに今西は一九世紀の家族の起源という問題を引き継いだわけね。

鎌田　なるほど。

山極　たしかに動物から見れば家族というのは変な社会組織だと。それが人間社会にできたのはなぜだろうか。人間というのは初めから人間であったわけではなくて、もっとプリミティブな、いやプリミティブと言っちゃいけないな、もっと違うものから出てきたものだから、社会は別の形態をしていたに違いない。そこでなぜ家族がつくられたのか。

当時は『社会構造』（ジョージ・マードック著、マクミラン社、一九四九年、内藤莞爾訳、新泉社、一九七八年）という本が出て、これは統計的手法によって家族という社会組織は民族を越えて普遍的な社会単位であるという話になっていた。レヴィ＝ストロースもそうです。社会人類学者は、家族という単位が普遍的だということに関しては一致していた。だとしたら、その普遍性とはいつ生まれたのかというのが大きな主題になるわけです。

でも、文化相対主義が主流だったので、文化人類学者は家族という組織を民族間で比較して進化史的に分析する方法論がなかった。だからぼくは今西さんの発想を引き継いで、家族を動物の社会から浮かび上がらせるという手法を選んだ。そのためには、家族というものを機能、構造としてその骨組みをきちんと見据えた上で、その骨組みがどう出来てきたのか、あるいは機能、あるいは関係と呼んでもいいですが、その関係がどう出来てきたのかを調べた方がいいだろうとぼくは思ったんです。それには実はヒントがあって、伊谷さんは一九七二年の論文で人間以外の――人間を含むでもいいんですが――霊長類の社会構造を動かす大きな仕組みはインセスト・タブーだという仮説を立てたんです。

インセスト・アヴォイダンス

鎌田　近親相姦のタブー（禁忌）ね。

山極　一九世紀の終わりに家族進化論を提唱した文化人類学者のルイス・モルガンが、人間の社会はインセスト・タブーが出来るにしたがって規則化されていった、と見なしたんです。レヴィ＝ストロースも、言い方は違うけど、人間の社会は交換という現象に帰《き》せられ、その交換というものはインセスト・タブーという規則をつくりあげることによって人間の社会を構造化したのだとした。それは性交渉の相手、結婚の相手というものを不足化させることによって交換をつくりだすということだったんですね。ある集団がその集団内で性交渉を禁じられれば、性交渉の相手を集団の外に求めなければならず、そこで交換が行われるということですね。

鎌田　なるほど。

山極　その交換を、一般交換と限定交換に分けたわけですね。一般交換は、女性が結婚によって家族から別の家族へと移っていき、最終的に女性が出て行った家族にも新しく女性が入ってきて交換が成立する。限定交換は、特定の家族の間で女性の交換が行われる。それが人間が自然から文化へと移行する制度だったわけです。

実は一九八〇年代くらいから霊長類学で、特にぼくの同僚たちが注目していたのは、インセスト・アヴォイダンスという機構《きこう》が人間の社会だけではなくて、霊長類、動物一般にあるのかもしれないということです。しかもそれは血縁関係を生理的に認知する方法ではなくて、生後、社会関係を構築する過程で認知される特別な関係だということでした。つまり、生みの親より育ての親なんです。

鎌田　ということですね。

山極　育てた記憶が、のちのち子どもが思春期に達したときに性交渉をアヴォイド（忌避《きひ》）させる結果になるという話なんです。それは実はフロイトの説と拮抗《きっこう》するわけですね。だからエドワード・ウェスターマークの説が再登場する。彼は一九世紀の終わりにその当時未開と言われていた民族を調べて、子ども時代に親密な関係にある男女は成人しても結婚しない、性交渉を行わない、そういう傾向をもっているということを言い出したわけですね。ところがそれはフロイト派によって黙殺された。

フロイトはその頃何を言っていたかというと、要するに幼年期に埋め込まれた性交渉、幼児性愛ですね。幼児はまず自分の近親者に性衝動を覚える。しかしそれを同性の親によって禁じられるためにその性衝動を抑圧する。抑圧されるからこそ、それを正常な、近親者以外の異性に向けていくと。それをエディプス・コンプレックスと呼んだわけですよ。エディプス・コンプレックスが生じるためには性衝動を抑えるという機構がなければならなかった。それは幼児性愛に発するものなんですね。だからフロイトにとっては、そんなの自然にアヴォイドされますよというエドワード・ウェスターマークの説を採用したら、それが成り立たなくなるから黙殺したわけですよ。ずっとそれが黙殺されたままだったのだけれど、霊長類学の方でそういう話が出てきた。

鎌田　はぁー。

山極　インセスト・アヴォイダンスは一般的な傾向として人間も引き継いでいるんじゃないかと。けれどある社会ではそれを無視するようなことが起こってくるからこそ、それを制度化したのではないかという話になってきたわけです。霊長類の場合には、母と息子にはこの現象が一般的なわけですよ。でも父と娘にもインセスト・アヴォイダンスが起こるかどうかということが非常に問題になってきた。それが、ゴリラではある。なぜならば父親が子どもを育てるからなんですね。つまりお乳をやっているときには母親が子どもを育てるわけだけど、乳離れした後にはシルバーバックのオスが育てるということになる。

鎌田　ふーん。

山極　その結果起こるインセスト・アヴォイダンスが現実に、娘がその集団を出るきっかけになっているんですよ。だから外婚《がいこん》的な傾向をゴリラの社会はもち、結果、メスが集団間を渡り歩くような社会システムをもっているということになる。父親の子育てとインセスト・アヴォイダンスということろからゴリラの社会構造が出来ていて、そういうものを人間の家族の原型と考えてもいいんじゃないかということになってきたんです。

鎌田　なるほど。

山極　チンパンジーの社会を原型にすると、乱交から出発しないといけないわけですよ。でも、乱交から夫婦のような排他的な配偶関係が析出される可能性はゼロに近い。これは難しい。そのためにみんなアクロバティックな仮説を講じるわけです。メスの排卵隠しというのがあって、発情すると性皮が腫脹《しゅちょう》するような種では排卵を隠せない。その発情兆候を消すような種が生まれて、メスがオスへの忠誠心というものを装いながら、夫婦、配偶関係をつくっていったというわけだけど、性皮なんて化石に残らないから、単なる仮説にすぎないわけです。その難点は、果たして発情兆候をあらわにした動物がそれを消せるかということで、ぼくはそれは無理だと思っている。

　逆にゴリラのような、発情兆候を示さない排他的な配偶関係から、オスどうしが共存するような、複数の家族がまとまり合うようなコミュニティが出来てくるというプロセスの方が確からしい。なぜならば、ゴリラの社会にも父と息子が比較的排他的な配偶関係を保って共存しているようなグループがあるからです。しかもゴリラの集団間には縄張りがない。これは地域に限らずないわけですよ。チンパンジーの集団には縄張りがあって、集団間は拮抗している。それは土地をめぐって拮抗するからです。ゴリラの集団は、集団間は反発しますが、前にいったように成熟した集団どうしは平和に出会う。しかも土地をめぐって争わないから縄張りをもっていない。ここから人間の初期の社会というの

チンパンジーの性皮腫脹

が発達してくるチャンスがあるだろうと。もちろん今のゴリラだって進化しているわけだから、もともとは違うものから今のゴリラは生まれているわけですよ。しかし人間の社会とゴリラの社会との共通性の方が祖先の集団を考える際に近いものだろうという話をいま考えているんですね。

鎌田　今のはチンパンジーの学者さんたちも納得しているんですか？

山極　チンパンジー型のコミュニティやバンドというものについては、今のチンパンジーではなくて、ゆるやかな発情兆候のない数十頭の群れから出発したんではないかということを考えている人が多い。というのはね、ゴリラというのはすごく性差が大きいわけですよ。オスの方がメスよりもすごく大きい。チンパンジーはそんなに大きくないわけですよね。ところが、化石の証拠がいろいろ挙がってきていて、祖先の、特に四四〇万年前のアルディピテクス・ラミダスの化石がそれほど性差がないということが分かった。むしろその後の一八〇万年前のホモ・エレクトスになってから体重も、体の大きさも、性差も広がっていった。だから森林の中にそもそもいて進化した人類はそんなに性差が大きくなかったんじゃないか、と言われるようになったんです。だから性差の大きいゴリラ型の集団は人類の最初の頃の社会にはあまり当てはまらないし、チンパンジー型発情兆候の顕著な集団も当てはまらない。ちょうどその中間のようなものが想像できないかというわけですね。

鎌田　まだ決着はついていない？

山極　ついていない。だって、なぜ二足歩行という奇妙な歩行様式が人間に登場したのかという疑問にも結論は出ていませんからね。

鎌田　ははぁ。

父親という存在

山極　ぼくが家族というテーマで最初から問題にしているのは、父親というもの、その存在をどう考えるかということなんですね。子殺しという現象がわりあい霊長類に多い、普遍的だという話になってきて、要するにオスが自分の子孫を認知することが、実はメスとの間で持続的な配偶関係をつくるのに重要だと一方ではなっているからです。つまり、オスに子への殺意を生じさせないために、メスの抱いている子を自分の子として認知することが必要で、そのためにはメスにずっと連れ添って、他のオスとの交尾を阻止しなければならないというわけです。

これはかなり社会生物学的な見方なんだけど、もう一つは、ぼくがさきほど言ったように、インセスト・アヴォイダンスを引き起こして、若いメスの移動性を高めるためには、父親の子育てが重要だということで、これは社会学的な発想なんですよ。人間の祖先の集団を考えるときに、父親というものをつくりだしたことがとても重要だとぼくは思うんです。母親と息子、母親と娘でもいいですけど、これは虚構ではないんです。実際に産んだということを母親は自覚しているわけですから。でも父親というのは、自分で子どもを産めないのは言うまでもないけれど、他の女性に自分の子どもを産んでもらうわけでしょ。そこには不確かさというのが必ずつきまとうんですよ。

なおかつそこには契約という匂いがするわけです。その不確かさをある計画性でもって契約してしまう。それは父親と子どもとの間でも、配偶者との間でもある。その契約によって父親というものをつくることによって、違う社会が生まれるわけです。ぼく自身が体験したことでもあるんだけど、ぼくが暮らしたアフリカの社会では、子どもが生まれると親はもう本名では呼ばれないんですね。子どもの名前で呼ばれる。あなたは何とかさんの父親でしょ、と言われる。それは、あなたはそれまでの人生と違う人生を歩まなければならない。あなたは子どもに対して責任をもたなければならないということなんです。

鎌田　なるほど。

山極　それが父親をつくる意味なんですね。ゴリラは子育てのバトンタッチをします。乳飲み子でいる間はメスが、母親が独占して子どもを育てる。乳離れすると、母親は子どもを完全にオスに預けてしまう。すると、子どもを保護する役割というのはオスの方になります。その役割を怠って、子どもが他のオスに殺されたりすると、メスは離れちゃうんですね。

鎌田　ふぅーん、そうですか。

山極　父親というのはある約束事の上に成り立っている。父親という存在が出来るためには、母親が子どもの保護者としてあるオスを認めなくてはならない。そのオスの子どもかどうかは別にしてですよ。そして子ども自身がそのオスを自分の保護者として認めるという段階もあるわけですよね。その両者から認められて初めて父親というのは自覚的な行動ができる。オレは父親だと手を挙げても父親にはなれないわけですよ。つまり他者の選別に依存しているということなんですね。自分の選別はそこでは評価されないわけです。それが言うならば、社会文化的なはじまりなのではないか。
　つまり人間の社会というのは、家族というヴァーチャルなものを基礎としている。それは生みの子ども、生みの親でなくてもいいわけです。生後の育児を通して作られる親と子の関係でいい。でもそこに育ての関係を通じてインセスト・アヴォイダンスが生じたりするわけですよ。その関係を続けること、契約すること、そこには生まれつき所与のものではないものが含まれている。それが一つの社会を、自然と切り離してつくるという行為になってくるんですね。その原型がゴリラにあるというわけです。

鎌田　何かすごいな、それをぜんぶ観察から組み立てているわけですよね。つまり測定ではなくて、いちばん最初に先生がおっしゃった観察なんですよね。物理だったら測定するでしょ、そうじゃないんですよね、霊長類学の世界は。

山極　もちろん論文のときにはメジャーします。カウントして事例を積み重ねて検証します。けれどもぼくは、アメリカ的なテイラー主義やプラグマティズムというのには疑いをもっている。プラグマティズムはすべてを測る、これは科学の原則なんだけれども、測れないものもあるんですよ。測れないものをとりこぼしてしまう。もっと大事なものをね。そうではなくて、これは今西さんの言葉だけど、直観ということを言うわけですよ。推論には直観が必要だと。なぜ、動物たちが日々の生活を生み出していく現場に行ってそれを観察する必要があるかというと、直観を鍛えるためなんですね。

フィールドワークの真価

山極　何が起こっているのかということを身をもって知ることが必要で、そのためのフィールドワークなんですよ。測るためにぼくらはアフリカまで行ってるわけじゃない。感じるために行ってるわけですね。測るのは誰だって出来るんです。データを取る方法さえ確立してしまえば誰だって出来ます。でも何を知るか、何を感じるかということは現場でないと分からないんですよ。これがフィールドワークの醍醐味であるし、いちばん重要なところなんですね。

鎌田　火山学も結局、現場で感じるところで大体ストーリーをつくっちゃうんですよ。その後、論文のために測らないといけないし、国際誌にはしっかりしたデータが要るんだけどね。でも最初に感じてストーリーを組み立てる、そこはすごく似てますよね。だから現場に行かなくちゃダメだし、現場から離れちゃダメ。研究の勘が鈍るからですね。

山極　そうですね、科学者としての、フィールドワーカーとしてのいちばんの喜びは、その直観があるとき覆されることですね。さっきのホモセクシュアルのときもそうなんだけど、エーッと世界がひっくり返ったような気がするんですよ。でもそこから新しい世界が立ち現われてくる。その面白さというのはとてつもないものがある。これまで普通の交尾だと思っていたのが違うわけ。じゃどういう気でやってたんだよと、ゴリラの全く違う顔が見えてくるわけですよ。面白いですね。

こぼれ対談③ 人類学者の酒遣い

山極 第**2**講の最後にちょっと出てきたけど、カフジで最初のゴリラの調査が失敗しなかったのは、酒のお陰なんです。というのは、そこへ撮影隊やぼくを送り込んだ日本映像記録の牛山純一社長と伊谷さんは仲が良かったんですが、牛山さんの下のディレクターとかカメラマンは荒くればかりで、彼らから情報を聞き出すには酒を飲む必要があった。ぼくは東京まで行って、彼らと会って、かなりむちゃくちゃ飲んでケンカまでしちゃったんだけど、えらく気に入られてね。いろんな情報をくれて、それで現地に行ったんですよ。

でもここでも問題があって、実はすぐにゴリラの調査はさせてもらえなかったんですね。ここでまた生きたのが酒なんですが、どういうことかというと、そのとき国立公園長をやっていたアドリアン・ディスクリベールというベルギー人——コンゴ人の奥さんをもっていて、要するに独立後土着化したベルギー人——がゴリラの人付けをしたんです。ダイアン・フォッシーやジョージ・シャラーがヴィルンガでゴリラの人付けをしたという話を聞いて、ゴリラを観光化しようと思ってね。研究ではなく。彼はホワイトハンター、ゾウ狩りの名手だったわけですが、その方法を使って、ピグミーの勢子《せこ》を使ってゴリラに接近したわけですよ。彼は常に自分の愛用のライフルをもって、ピグミーの勢子たちがゾウを追いかけるようにゴリラを取り囲む。で、ゴリラの顔に銃の照準を合わせて近づいていくわけですよ。ゴリラが襲ってきても鉄砲をもってるから怖くない。引き金はもちろん出来るだけ引かないようにして、まぁ結局引かなかったんですけどね。それでゴリラに近づくことに成功したんです。

でもその話をしにダイアン・フォッシーのところに行って、大喧嘩しちゃうんですよ。彼女はそういうやり方が大嫌いで、お前はゴリラを愛してない、鉄砲を向けて近づくなんてとんでもない、と追い返したんです。それで彼はゴリラの研究者に対して恨みをもったわけですよ。研究者は必要ない、オレが馴らしたゴリラには研究者は近づけないと言ってね。ぼくの前に行った日本映像記録の撮影隊は研究ではなくゴリラの撮影に行ったわけで、ちゃんと撮影料を払ってる。ぼくは金をもたずにただゴリラを見たいということですから、それはダメだと。

だから公園でゴリラに観光客を案内する仕事をしているトゥワ（ピグミー）の人たちと酒を飲みながら森の中を歩いてゴリラの広域調査をやったわけ。観光用に人付けしていないゴリラならいい、ということだったのでね。彼らと山登りの競争をしたりして、登りでは負けたけど山下りでは勝った。その帰りにガンガン強い酒を飲んで山道を歩き、彼らと意気投合したわけです。

鎌田　どんな酒だったんですか。

カフジで国立公園のスタッフと宴会

山極　カニャンガという、日本でいえば焼酎ですね。こっちは金をもってないんだけど、森へ行った帰りには必ず彼らに酒をおごった。酒はめちゃくちゃ安くて、一杯五円もしない。だから酒だけはおごってやると言ったんです。そうすると、しばらくして彼らがディスクリベールに抗議したんですよ。なんで山極をゴリラのところに連れて行かないんだ、オレたちは山極と一緒に仕事をしたいと。もしダメだというなら、オレたちはゴリラの仕事から降りると言い出したんです。ピグミーに降りられるとゴリラの仕事が成り立たなくなる。要するに狩猟採集民である彼らでないとゴリラには近づけない。農民なんてゴリラを怖がるし、森歩きができないから無理なんです。それで、じゃあいいだろうという話になった。これはピグミーたちのお蔭なんだけど、実は酒のお蔭なんです。

鎌田　なるほどねぇ。

山極　ぼくが最初に自然人類学教室に行ったとき、これは梁山泊のゼミ室での話なんだけど、とにかく酒とタバコはやれと言われたんです。今とは逆ですね。酒とタバコはフィールドワーカーにとっては絶対必要なんだと。ぼくはさんざん鍛えられたから、フィールドに出ていくら飲んでも酔わなくなった。飲んでる間は自分を保っていられる。家に帰ると寝ちゃうんですけどね。それが非常に功を奏した。酒飲んですぐ酔っ払ってたら、いろんな交渉はできなかった。

モンキーセンターに行ってからもそうで、当時動物園の夜警の仕事があったんです。みんな給料が安いもんだから、飼育員が替わりばんこで夜警の仕事をやっていた。途中から警備会社になりましたけどね。みんな交替で泊まり込むわけですよ。そんなとき、酒が出るわけです。動物園って風呂があるんですよ。やっぱり動物と付き合うから汚れるので。ぼくは昼間は園内でいろんな仕事があるけど、夕方になって風呂に入ってやっと自分の時間ができる。それで研究データをまとめたり、論文も書かなくちゃいけないしと思っていたら、必ず邪魔が入るんですよ。

鎌田　一升瓶もって？（笑）

山極　おい酒飲もうや、と。ぼくも嫌いじゃないからぜんぶ付き合ってた。夜警の仕事も付いて行ったりしてね。あの頃人工保育というのがあって、母親が育てない赤ちゃんを飼育員が引き取ってミルクをやるわけです。晩に何回か、夜警が付き添ってミルクをやりに行くんですね。それも付き合って見ているといろんな新しいことが分かった。そういった付き合いをすると、すごく信用を得るわけですね。

鎌田　そうやって仲良くなるのか。最初はすごく人間関係が悪かったんですよね。

山極　だって研究員というと出て行けみたいな感じだったんですよ。何しにきた、ここは動物園だ、研究員なんか要らねぇと。とにかくあの頃は荒っぽい人ばっかりでね。社員旅行というのがあって、会社が一年に一遍やる。もう一つ社員がそのための積立貯金をしていて、合計で年に計二回やるんですが、これがすごいんですよ。バスに乗ったとたんみんな酒を飲みだす。もう大変でね。いろいろ見学に行くんだけどバスの中で完全に酔っぱらっちゃうから何を見てるんだか分からない。

鎌田　もうベロンベロン？

山極　何にも覚えてない。でもそれは人類学者の常套《じょうとう》で、石毛《いしげ》直道《なおみち》さんとか小山修三さんとか文化人類学者たち、フィールド系の霊長類学者もそうだったんだけど、だいたい夜を徹して飲むというのは当たり前だった。

鎌田　えぇーっ！

山極　研究会があると懇親会があるでしょ。そのあと誰かの部屋に行って、倒れるくらいまで飲む。強いですよ。みんなベロベロですけど。

鎌田　これ、いい話ですね。お酒が人間関係と研究を進める。

山極　要するに、酒が強かったから何とかやってこられたということですね。

鎌田　どの社会でも通用する話です（笑）。

第5講　人類の進化と社会性の起源

人間の特殊性

鎌田　ぼくがいちばん関心があるのは、先生の霊長類学から見て、「人間の特殊性」って何なのかってことなんです。

山極　人間の特殊性というのはね、人間は視覚的な動物だということですよ。これは爬虫類でもない、両生類でもない、やっぱりサルだということですね。人間の五感というのはいまだにサルの域を出ていないとぼくは思っています。それは類人猿でもそうで、サルの域を出ていないというのは、つまりサルは夜行性から昼行性に変わったわけですが、そのときに、社会、世界を認知する新しい仕組みを手に入れたわけです。要するに嗅覚を減退させて視覚を発達させた。人間のもっている五感のうちで、いちばん信用するのは視覚なんです。次が聴覚で、嗅覚、味覚、触覚なんです。

鎌田　触覚が最後ですか、ふーん。

山極　但し、人間関係において信頼をつくるのは逆なんですね。触覚がいちばん重要。次が味覚で、嗅覚、聴覚、視覚。ということは、要するにいちばん騙《だま》されやすいのは視覚だということです。視覚でもって人は人を騙すわけです。但し真偽を判定する確かな証拠をつくりやすいのも視覚なんです。人間はそういう世界に生きている。したがって人間のコミュニケーションもそういうふうに出来ているわけで、われわれは世界を認知するのに視覚的な証拠を求めるけれど、人間どうしの関係を作るには、例えば手を握り合う、抱き合うという方が相手を感じやすい。あるいは一緒の食事をする、同じ味覚を味わう、同じ匂いを嗅ぎ合う、味覚、嗅覚、触覚というのが一体化していますよね。そこの中で信頼感というのを醸成《じょうせい》するわけです。

鎌田　食事というのはぜんぶ入っているわけですね。

山極　あるいはセックスだってぜんぶ入っているんです。聴覚、視覚というのは、人（相手）と離れて何が起こっているかを感知する。他者と合意できる共通の規範を作る。だからスリは現行犯でなくちゃいけないし。

鎌田　なるほどね。

リアリティと信頼の差異

山極　変な匂いがするなと言ったら、その匂いのもとを目で確かめなくちゃ気が済まない。変な音が聞こえて、あれ何なのというときに、その声の主、または音の原因を目で確かめないといられないわけですね。そこは視覚の世界がリアリティを優先的に担保するサルと人間に共通な感性がある。ただリアリティと信頼は違うんですよ。信頼はリアリティとは質の違うものによってつくられると言っても過言ではない。

鎌田　サルはやっぱり目がメインで、リアリティは目による視覚を使っているんですか？

山極　リアリティは視覚を使っています。

鎌田　サルが信頼するときはどうなんですか？

山極　グルーミングをするとか、一緒に近くで寝るとか、要するにお互いの匂いや手触りが感じられるような場所に来ることを許す仲間というのは信頼する仲間なんです。親族がそうですね。それは人間でも基本的に変わってない。だから人間のコミュニケーションを考える場合に、テクノロジーで広げられる部分というのは視覚、聴覚なんですよ。嗅覚や触覚や味覚というのはなかなかテクノロジーでは変えられない。

鎌田　ラジオが発達し、テレビが次にというのは必然の結果なんですね。

山極　コミュニケーションの話で言えば、われわれは五感の全体でいろんなことを感知しているから、ある域以上に広げられないものをもっているわけです。今こうやって鎌田さんとお話ししていても、ここには他に三人いるから、三人がどう感じているかをある程度モニターしながら話をすることができる。でもこれが五〇人だったら、とても一人一人の感覚までモニターできないですよね。それは限界があるわけです、人間の視覚には。あるいは視覚によって形づくられるコミュニケーションの規模というものがあるわけですよ。

でも現在のIT技術はそれを越えようとしているわけでね。しかもインターネットの中に別の視覚、聴覚の構築物をつくって、ヴァーチャルな世界を人間に信じ込ませようとしている。二一世紀に起こってきた現象というのは、虚構《きよこう》と現実の境が曖昧《あいまい》になってきたことです。虚構の部分と現実の部分を曖昧化しようとしたのがテクノロジーなんです。だからわれわれは地に足をつけられなくなり、何を信じていいか分からない不安を抱えて生きるという話になるわけです。

五感ではないもの

鎌田　ぼくの体験談として、大学の授業では、パワーポイントや黒板があったり、マイクがあったり、当然視覚と聴覚が主なんですね。でも三百人の大教室で学生に向かうと、味覚、嗅覚、触覚じゃないんだけど、ある種の「気」を感じるんですよ。つまり、合気道の気なんですけど、今年のこの学年はすっと気持ちが入ってくるなとか、何かざわついて気がまとまらないなとかね。本にも書いたんですが（『一生モノの超・自己啓発』朝日新聞出版、二〇一五年）、それは音ではなくてね、五感でいえば気は第六感のようなものですが。それって霊長類学者としてはどう捉えますか？

山極　十分あると思いますよ。

鎌田　場の雰囲気として結構ありますよね。それを教室で最初に感じて、そのあとから視覚、聴覚というふうにいろいろ働きだすんですけれどね。

山極　私語が多かったり、静かでもみんな携帯みて下を向いていたり、ときには全然集中力が感じられない、それは教室に入った途端に分かる。

鎌田　ですよね。それは何なんでしょう、五感じゃない……。

山極　いわゆる肌感覚みたいなものですよ、触覚に近い。というのは、仲間に、つまり自分が認めている対象からずっと見つめられているという意識、これは基本的に視覚と聴覚によるものなのだけれど、それを触覚的に感じる能力があるわけですよね。それは言うならば、自分がどこの集団にいるか、集団のどういう期待を背負っているか、みたいなものが、自分の決定だとか、モチベーションだとか熱意に反映する。それはわれわれが人間以前からもっている能力だと思うんですよね。

鎌田　例えばゴリラに相対するときに、これは上手《うま》くいきそうだとか、これは危なそうとか、そういうのは感じるんですか？

山極　十分感じます。これヤバいなというのはね。それは声を聞いただけで分かりますよ。怖いな、ちょっと裏返ってるなとかね。声を出さなくても、目視で分かる。自分はちょっと警戒されているなと。あるいは手でザッと草を分ける音が緊張をはらんでいる、それは直観で分かるわけです。

鎌田　危険を避けるとか何となく分かるとかいうときに、火山では視覚と聴覚の他に、二酸化硫黄の匂いとかあるんだけど。その前に、今日はヤバいとかフッと感じるんですよ。五感じゃなくて、そこは一体何なんだとずっと思ってたんですけどね。

山極　それを例えば、何というかな、神々に結びつける人もいるわけで、例えば森に入るときにヘビが出てきた、これは、今日は山から歓迎されてないなと思う。それが自分の安全につながったりするわけですよ。その感覚というのは決して無視できない。但しその根拠をどこにもっていくのか。普通やりやすいのは、山自体を人格のようにとらえてて、この自然全体、山の神様が私を今日は受け入れていないんだと見て、自分の決定にそれを反映させる。それをもっと生態的にとらえれば、今日へビが出てきた、この辺はもっとヘビがたくさんいるかもしれないし、今日の気候はヘビを活性化させているかもしれないから、歩くときは気をつけないといけないな、という話になるかもしれない。それは人それぞれだと思うんですよ。動物的な感覚をいろいろ理由をつけて解釈しているだけなのかもしれない。

森林のサルの感覚

山極　というのはね、これを言うと言い過ぎになるかもしれないんだけど、人間はまだ森で暮らすサルの感性をもち続けているんですよ。サルは森林の動物なんです。森林というのは、突然出て来たことに対処しなくちゃならない判断に迫られるんです。つまり緑のカーテンの奥に何がひそんでいるか分からないわけで、自分の視界に飛び込んできたとき初めて事態が分かる。そのときに因果関係を考えていては間に合わないわけです。とっさに判断しなきゃいけない。だから瞬間瞬間の判断に対して自分の反応を合わせるような習慣というか、能力が出来ているんです。

ぼくは森林とサバンナをよく対照させるんだけど、サバンナの場合は遠くにいるものが見えるんです。肉食動物がだんだん近づいてくる。目に見えるんだけどもまだ距離があるから安全という場合があるんです。シマウマの近くにライオンがいる。でもシマウマはライオンがいま危険じゃないということが分かっているから、平気で草を食べているわけですよ。ライオンがちょっと距離をつめたら危ないし、何か態度を変えたら危ないと察知するんですね。それはライオンの雰囲気で分かる。でも森林の中は相手が見えないからそんな余裕はないわけです。出てきたときに対処を間違えたらもう終わりなんだから。出てきたときに何かのとっさの判断をしなければ自分の命が危ない。そういう瞬間があるわけですよね。だからそういうとっさの対処ができるように人間の体も出来ているんじゃないかと思うんですよ。

鎌田　サルを受け継いでいるから。

山極　受け継いでいるから。

鎌田　具体的にはどこで出来ているんですか？

山極　要するに、正確な反応をしなくてもいい、いい加減な反応でもいい、でも間違ったらいけない、ということです。だから、それぞれの相手に正確に反応するのではなくて、全体に反応するんです。部分部分では間違っているかもしれない。でも全体で間違えていなければ大丈夫なんです。

鎌田　具体的には、サルが森の中にいますね、どうやって全体に反応しているんですか？

山極　ガサッと音がする、ともかく逃げないといけない、そのときにどっちに逃げるか判断する必要があるわけですよ。でも相手が何であるか見極めてからでは遅いわけですよ。まず逃げる。あるいは何か起こったときに、自分はその相手は見えないけれども、仲間が逃げたらそれに従って自分も逃げる。その方が間違ってない。仲間が間違えたら自分も間違えるけどね。でも確率的にいえば、仲間と同じ行動をとった方がいいということで従うわけです。

鎌田　それは森の中で身につけた習性であると。

山極　だから百％合ってるわけじゃないんですよ。でも間違わない、間違った方向に行かない。何か変な方向に行っちゃったら完全な間違いになりますけど、そうはならない。ともかく分からなければ距離をとって逃げるということになる。ゾウなどが来る場合そうなんだけれど、ゾウはあんな大きな図体していても森の中では分からないわけですよ。バサッと音がする、これがゾウかどうか分からない、ともかく逃げなくちゃというので距離をとる。少し距離を置いてから実際にそいつが何だったのかが見定められる。そういう方法がわれわれにとっては普通なんです。それはサルから来ている能力だと思います。ところが、サバンナではそういうことをする必要がないんです。遠くにいる間に認めておいて、そいつがどういう態度をするかすべてモニターしているわけだから、それが変わってから逃げればいいんですよ。そのときはちゃんとした反応ができる。

鎌田　そうすると、イーストサイドストーリー、森からサバンナに下りてきて、サルは不利になったわけですか？

山極　うん？

鎌田　アフリカで森にいたサルが環境の変化で東側にあるサバンナに下りて、というイーストサイドストーリーってありますよね。

サバンナモンキー

山極　ええ。

鎌田　それは先生のご専門でＯＫなのかどうか分からないけど、ぼくら地球科学者の間でよく聞くんです。

山極　非常に不利になったでしょう。

鎌田　不利になりましたよね、サバンナで。それでサルのときに身につけていた能力がサバンナで暮らす何万年かにやっぱり退化していったんですか？

山極　どうかね、そういう能力はもち続けていると思いますよ、いまだにね。だからサバンナに適応するために全く新しい能力を開発したというのではなくて、森林の能力をもちながらサバンナの新しい環境に対しては別の能力を加えていったのです。例えば、動物は新しい環境に適応するのに、まず食物を変える。すると、胃腸の機能も変化して体つきが変わる。でも、人間の胃腸はサルや類人猿の特徴を色濃く残していて、消化能力はあまり変わっていない。ところが、体つきは明らかに変わった。その好例が、直立二足歩行です。

環境の変化と進化

鎌田　木に暮らしていたのから二足歩行になる、教科書で習ったんですが、そのストーリーはいいんですか？　サバンナに下りたから二足歩行、それはちょうどアフリカの大地溝帯で火山活動があって、気候が変わって……。

山極　どうもサバンナへ進出する前に二足歩行を始めていたようです。二足歩行は危険に対処する方法ではないですね。それは危険に対処する方法ではなくて別の理由だと思います。二足歩行というのは長距離をゆっくり歩くときにすごくエネルギー効率がいいんです。

鎌田　別の話ですか。

山極　二足歩行は敏捷《びんしょう》性に劣るし、速力にも劣るんですよ。だから危険から逃げるために発達した歩行様式ではないですね。むしろ長距離をゆっくり歩きながら分散した食物を集めるということに有利に働く。

鎌田　あっ、そっちのために。

山極　危険に対処するためには、おそらく人間は社会性という方を発達させたんだと思います。

鎌田　社会性、それは家族の、という意味ですか？

山極　集団規模を大きくして、警戒に当たる目を多くするとかね。

鎌田　あ、そういうことですか。

山極　森林のときには数人のグループであったかもしれないけど、サバンナに出て行ったらその二倍、三倍の人数の方が適応できたでしょうね。人数が多ければ、肉食獣をすばやく見つけて早めに対処できた、あるいはモニターしている人が近くにいれば自分はモニターしなくてもいいから、別のことができる。森林では個体の能力が必要なわけです。個体個体によって違う場面に出くわすわけで、しかも相手が分からない、みんな隠れてるから。

森林に行ってみたら分かるんだけど、動物たちは音を立てずに歩くとしばらく止まるんですよ。そしてあたりの音を聞く、周りを見渡す。しばらくすると自分の存在に気づいた動物が出てくるんです。だから様子が分かる。それを続けるわけですね。またしばらく行くとピタと止まる。しばらく匂いを嗅いだりあたりを見回したり音を聞く。そこで気配を感じるんですね。相手の姿は見えないんだけど、あ、誰かに見つめられてるなとか、大きな物体が隠れていそうだなという気配を感じるんです。そういうことによって緑のカーテンの中に隠れているものを類推しながら、いちいち変わっていく事態に対処していくというのが本来の森林の歩き方なんですね。もともと森林で進化した人間はそれを覚えなくても、習わなくてもできるはずなんです。

鎌田　ぼくの専門で、地震予知とか火山噴火予知というのがあって、物理の地震計とか傾斜計とかデジタルの観測データで判断するんです（『火山噴火』岩波新書、二〇〇七年）。要するに、マグマが出てくるときは山が膨れる、マグマは無理やり出てくるので地震を起こす。こうした現象を定量化するために、火山の斜面の傾斜を測るとか、地震を測ります。これは物理の話なんですけど、一方で、ぼくは火山に行くと、今日はおかしいなと感じたりすると、やっぱりその直後に噴火したりするんですね。それさっき言った伊豆大島でマグマに追いかけられたときも、直前まで写真を撮っていたんですよ。それが何だか雲行きがあやしくなって、火山弾がこっちへ来そうだなと思ってジープで退却したら、ほんとにバラバラ空から降ってきたんですよ。

火山弾に追いかけられた伊豆大島1986年の割れ目噴火（鎌田浩毅撮影）

山極　ほぉー。

鎌田　そういうのって、地震計と傾斜計がなくても、ぼくは感じてたし、火山学者はみんなそういう経験をしてるんですよ。で、それは何だろうかというので、ぼくが最近研究しているのは人の背骨なんです。サルも人間も胸椎《きょうつい》とか腰椎《ようつい》とかありますよね。ある人の研究で、胸椎の四番（D4）と九番（D9）が比較的そういうのに敏感だと言うんですよ。具体的には、近くで起きる直下型地震はD4、遠くで起きる巨大な海溝《かいこう》型地震はD9、特に椎骨の右三側、三つ離れたあたりに異常が現われるとか。そういうことを研究している人たちがいて。ぼくも『座右の古典』（東洋経済新報社、二〇一〇年）で取り上げた野口晴哉《はるちか》という整体法を考え出した人がそのパイオニアです。これはぜひ霊長類学者の先生に聞いてみようと思ったんですけど、胸椎のD4、D9って何か特殊なものなんですか？

山極　そうは思わないけどなぁ。でも人間は脊椎《せきつい》をS字形にしたんですよ。それは二足歩行をするようになってからの話で、その弾力性をもった背骨で上下動を吸収し、大地の揺れを感じている可能性はありますね。

鎌田　サルはそうではない？

山極　サルは違います。ただ地上性の動物と違ってサルがもっているのは鎖骨ですね。木にぶら下がって体を保持しなくちゃいけないから。おそらく人間の地震の感じ方に関していえば、地上生活になってから、しかも直立二足歩行するようになってから、それを感じるような能力が発達したと思うんです。というのは、地上歩行する動物はみんな四足歩行なんですよ、ヒヒでもニホンザルでも。坐っている場合もあるけど、基本的に歩くときには四足ですからね。ちょっと人間の感じ方とは違うと思うんですね。人間はいかなるときでも、寝てるときは別だけれども、動くときでも休むときでも直立してるでしょ。そのときに背骨のＳ字形で感じる部分――Ｄ４、Ｄ９がどこに当たるか分からないけれど――そこが非常に重力を、クッションを感じる場所なのかと。

鎌田　あぁー、そういうことですか。

山極　そういう気がするわけですよ。サルだったら地震を感じたらすぐ木の上に登ります。木の上にいると揺れは感じても、地面の破壊的な動きを感じないんじゃないかな。

鎌田　むしろサバンナを歩き出した人類の方が敏感で、それが蓄積されているかもしれない。

山極　ぼくの独断で言っていることで、ほんとかどうか分かりませんが。

鎌田　解剖学者の三木成夫《しげお》さんが、系統発生について『胎児の世界』（中公新書、一九八三年）とかで書いていて、例えば魚から両生類、爬虫類と進化して、背骨はどうだ、肺はどうだ、鰓《えら》はどうだという研究をしている。その中で何の機能が人類の背骨まで行って、何の機能が途中でなくなっているか、鰓が必要ないとか、そういう研究があるんですよね。例えば六億年くらい前にエディアカラ生物群というのが出来て、次にバージェス動物群というのが出来て、急に大型生物が進化するわけです。バージェス動物群のいちばんのポイントは目の発達で、そこから急に活動域が広まるし、食うか食われるかの生存競争が始まるんですね。それの前はもっとふにゃふにゃした軟体動物で……。

山極　脊椎がなかった。

鎌田　脊椎の中に神経を通すということと、それを利用して最後のＤ４、Ｄ９に機能が搭載《とうさい》されるまで進化していったわけですね。きっとこの流れで目をはじめとして、感覚器官が発達していったのだろうと解剖学者たちが研究している。つまり言いたいことは、われわれ人類につながる生体機能の進化をぼくは知りたいんですね。だから結局地球科学だと古生物を何億年といって追いかけていくわけですよ。爬虫類だとどうだ、哺乳類になってどうだと。そして、その最後の霊長類のところでは一体どう帰結したんでしょうか。そういう研究はあるんですか？　背骨の進化の研究とか。

山極　しっぽの研究なんかはあるね。

しっぽの研究、手の発達

鎌田　しっぽがなくなった研究？

山極　例えば類人猿はしっぽがないんですね。しかも人間よりも尾骶骨《びていこつ》の数が少ない。なんでしっぽをなくしたんだろう、逆にしっぽは何で要るんだろうとか、そういう研究を形態学者がやっていて、いまだにいろんな仮説が出ているんです。まだ分からないところがあるから。しっぽというのはバランスをとることがその機能ですが、形態にあまりにもヴァリエーションがありすぎるんですよ。そもそもしっぽというのは何なんだということもありますよね。しっぽは背骨にきちんとつながっているわけだからね。

鎌田　用不用説で、必要がなくなって消えたんですか、それともそれとは関係なしに？

山極　どうかな、ブラキエーション（手で枝にぶらさがって移動する方法）と関係があるのは確かだね。類人猿ってみんなしっぽがないですが、テナガザルでもオランウータンでもチンパンジーでも、みんなブラキエーションをやりますから。手で枝渡りをするようになって、しっぽでバランスをとる必要がなくなったのかもしれない。それは分かりませんけど。ブラキエーションするようになった理由というのは、類人猿では体の大型化と関係しているんです。木の上を四足で飛び回ることができなくて、枝にぶら下がって体重を手で支えないといけなくなったということです。但しテナガザルは体重が軽いにもかかわらず手で枝渡りするわけですよ。今いちばん卓越したブラキエーターはテナガザル。でもテナガザルというのはニホンザルより体重が軽いくらいなので、体重の重さだけでそれは説明できないという話になっているんですよ。

鎌田　ゴリラはどうなんですか？　地上を歩く？

山極　木の上にも登りますよ。

鎌田　どっちが多いんですか？

山極　木が少ない高山地域に生息するマウンテンゴリラはほぼ地上なんですよね。でも低地の西ローランドゴリラは半々だね。木の上にベッドをつくって寝ることも多い。フルーツ食いで、葉っぱも食うし大体食物が木の上にあるから、木の上で採食することも多いですね。それによって足の形がちょっと違うんですよ。西ローランドゴリラの足の形は、マウンテンゴリラに比べて親指が開いて幹や枝をつかみやすくなっている。

オオアリ釣りをするチンパンジー

フルーツを食べるゴリラ

鎌田　手の発達に関して、結局人間は道具を使う、だからサルは手の親指を使うようになって道具を、という定説がありますよね。それはどうなんですか？

山極　チンパンジーも道具を使うんですよ。でもチンパンジーの手とニホンザルの手を比べたら、チンパンジーの方が親指が短くてよっぽど不器用に見える。だから道具を使うのに手の形というのが十分条件ではない。手が不器用でも道具を使うことはできるわけです。実際イルカだって道具を使うし、手が器用になったから道具を使うようになったわけではない。ブラキエーションは親指は要らなくて、四本の指だけで枝に引っ掛ければいいんです。樹上生活をするオランウータンはブラキエーションが得意で、親指がとても短いですが、四本の指と口を使って道具を器用に操ります。

人間の親指が大きくなってきたのはおそらく物を握るためでしょうね。最初に見つかる石器というのはオルドワン式石器（約二五〇万年前）だけど、これは多分手で握って操作したんじゃないかと言われています。その次に出てくるのはアシューリアン石器で、左右対称の涙のような形をしているハンドアックスが有名です。これも握るわけですね。握って何かをする必要が出てきたということが人間を器用な手に進化させたんじゃないかと思うんです。

鎌田　手が出来てから頭が発達する？

山極　道具を使うのに器用な手は必要ないんです。頭、知性を使うのは道具を使うためではなくて、高まったのは社会的知性の方なんですよ。

鎌田　あっそうか、そっちへ行くんですね。

山極　社会的な問題を解決するために脳が大きくなって、知能が発達するようになったおかげで、道具もどんどん発達するようになった。でも、石器の様式というのは何十万年も変わらないんですよ。道具を使うために脳が発達していったということは考えられない。

鎌田　じゃ、それは間違いなんですね。

山極　間違いなんです。脳が大きくなった結果、いろんな道具を使えるようになった。でも道具を使うために脳が大きくなったわけではない。道具を使うことによって脳が大きくなったわけではない、ということでしょうね。なぜなら脳が大きくなっていった時代に、道具がどんどん精巧になっていったかというと……。

鎌田　そうではない。そこが反証になるんですね。

社会脳とは

鎌田　本講最初に出た「人間の特殊性」ですけど、やっぱり脳なんですか？　先生の言葉だと「社会性」？

山極　人間の脳は社会脳として進化したと言われているんだけど、これはまだ脳の中身が調べられていないから何とも言えないんです。ただ人間以外の霊長類の脳の大きさを調べてみると、脳に占める新皮質の割合というのが、脳の大きさと比例関係にあり、共同生活を営む集団のサイズに正の相関があるということも分かっている。ということは、霊長類の場合集団サイズが大きくなるにしたがって、脳は大きくなったんだという類推が成り立ちます。おそらく人間の脳も他の霊長類と同じように、社会的な複雑さに対応して大きくなったんではないかという仮説があるわけです。これがソーシャル・ブレイン・ハイポテーシス（Social brain hypothesis）というやつでね、これ以外の仮説はいろいろ検証されたけれども、証明されてはいないんです。ソーシャル・ブレインも仮説にすぎないんだけど、集団規模との対応関係があるので、今のところはっきり間違いではないだろうと言われてますね。

鎌田　地球環境や気候の変化には関係ないんですか？　例えば氷期から間氷期とか、異常な変動期からそれが少しは安定してきてからとか。あるいは『地球の歴史』（中公新書、二〇一六年）にも書いたんですが、サイクルがわりとはっきりしてて、今から一万年前以降は安定したため、とか。

山極　それはないですね。現代人の脳の大きさに達するのは六〇万年前なんです。

鎌田　あっ、もっと前か。

山極　ネアンデルタール人の脳はもっと大きかったし、今よりも寒冷期に暮らしていた。ゴリラの脳の大きさは五百ccで、人間の祖先は五百万年間もその大きさを越えられなかった。つまり、その間は二足で立って歩く類人猿だったわけですよ。六百ccを越えるのは二百万年前に登場したホモ・ハビリスからです。一四〇〇ccを越えるのが六〇万年前のホモ・ハイデルベルゲンシスなんですよ。その間に大きな氷期というのは二回しかなくて、その後の氷期で脳が大きくなったという証拠はないですから、あんまり気候変動とは関係ないでしょう。

鎌田　そうすると内的な、生物としての社会性とか……。

山極　気候変動によって暮らしが変わって、それによって集団規模が変わって脳に影響をもたらしたという可能性はあるかもしれないけど、そこの相関関係を調べるのは難しいですね。

鎌田　という意味では、今のわれわれの身体が固定されたのは六〇万年前？

山極　脳の大きさで言えばね。だって脳の中身までは分からないから。

鎌田　ぼくなんかの関心では、何十万年も前から人間の身体は変化していないんだと。それに対して、人間の文化とかネット環境は劇的に変化するんだけど。だから脳を考えるには、そこまで戻ってその頃の生活、例えば自給自足で生きていた身体を観察しなくてはいけないと。サルから人間になった頃の暮らしはどうだったのか、というのをよく求めるんですけど……。

山極　それはね、何を基準にするかによって違うんですよ。例えば、脳の大きさで言えば、二〇万年前にホモ・サピエンスが出てきてからずっと、これはもう今とほとんど変わらない。だけど生理能力から言えば、アンデス、あるいはネパールやチベットなどで高地適応を遂げた人たちはおそらく低酸素への対処として、ヘモグロビンの量や赤血球の数、呼吸数に関わる遺伝子が変化しているはずですね。そういう意味で変化はしているわけです。そして脳の大きさということで言えば、当然ネアンデルタール人とホモ・サピエンスは違うわけです。ネアンデルタール人の脳の方が大きくて、形も違う。身体の体型も違う。その前のホモ・エレクトゥスで言えば、いろんなヴァリエーションがありますけど、フローレス人だとかソロ人だとか北京原人とか、それはまたそれで違うわけですよ。

どこを基準にするかなんですね。現代人を基準にすると、脳の大きさは六〇万年前には現代人の大きさに到達していた。しかし大脳の形ということで言えば、ネアンデルタール人と現代人は違います。ネアンデルタール人は後頭部が大きくてね、現代人は大脳の前頭部が大きい。それぞれが何をつかさどっていたのか、形が何の違いをもたらしたのかということははっきり分かっていない。

鎌田　前頭葉が大きくなってから賢くなっていろんなことができるようになった、というのは正しくないんですか?

山極　だってホモ・サピエンスは二〇万年前から変わらないわけですよ、脳の大きさも形も。だけどやっていることは初期と現代では全然違うわけです。文化のビッグバンと言われるように、壁画とか装飾品とか突如出てくるのは三万年前か四万年くらい前です。それまで徐々に萌芽的なものは出てきます。七万年前から四、五万年前のアフリカは、返しのついた釣り針とか、ダチョウの卵を割って器にしたとか、貝殻を首飾りにしたとかいろいろあるんです。けれど非常に頻度が少ない。突如としてヨーロッパに爆発的に出てくるわけですよ。だけどその当時のヨーロッパのクロマニヨン人の脳と、アフリカで見つかったそれ以前のホモ・サピエンスの脳とは全然変わらないわけですよ。ネアンデルタール人の脳との違いは歴然としている。それは脳の中身が分からないと何が起こったかは言いようがないわけです。しかもその間に言語が発生している。

鎌田　アッ、そうだ。言語についてはどうなんですか？

言語のはじまり

山極　たぶん七万年くらい前だろうと言われているんですけどね。でも言語はホモ・サピエンスに初めて登場したのではなくて、たぶん言語を喋《しゃべ》る機能ができてしばらくしてから喋るようになったのであろうと言われています。言語を喋る基本的な喉の構造とか舌骨《ぜっこつ》とかはネアンデルタール人にもあるわけです。彼らは喋らないわけではなかった。何らかの言語は使ったかもしれない。でも今の人間の言語につながるような言語体系を喋りはじめたのは、おそらく数万年前だろうと。

鎌田　数万年と特定できるのはどういう証拠で？

山極　FOXP2《ふぉっくすぴーつー》遺伝子というのがあるんですよ。これが人類で二回変わっているんですね。それがおそらく言語に大きな関係があるだろうと。

鎌田　なぜですか？

山極　いろんな動物のFOXP2遺伝子を調べているわけです。

鎌田　声を出す動物と声を出さない動物？

山極　そうです。この遺伝子が発声機能に深い関連をもつことは間違いない。もともとイギリスで言語障害のある家系というのがあって、その人たちのFOXP2遺伝子に異常が認められた。これが正常に働かなかったから言語が喋れないんだという話なんです。その遺伝子がチンパンジーに比べると大きく二つ変化しているんです。それが人類の系統だけに起こっているわけです。実は、それはネアンデルタール人でも起こっていたことが最近分かりました。

鎌田　そういう論理ですか。

山極　言語を喋ったであろうことで起こった変化が、ライオンマンと言われている彫像だとか壁画だとか装飾品など象徴物の出現なわけです。言語のもっている大きな特徴は比喩《ひゆ》なわけですね。あるものを他のものに移し替えて表現することです。これはもちろん言語がなくてもできることではあるけど、言語が二つの全く異なるものをつなげる。この椅子と向こうの椅子は形が違うんだけれども同じ椅子と呼ぼう、というのは比喩なんですね。実はこれは非常に効率的なツールなんですよ。それまではぜんぶが違うわけだから、ぜんぶを違う形で表現しなければならなかった。それを一つの言葉で言い表わせるわけですから。椅子、瓶とかね。これはものすごく効率的ですよね。しかも言葉はポータブルなんですよ。

鎌田　ポータブル？

山極　持ち運びができる。

鎌田　誰でも喋れるということ？

山極　いや、目に見えなくたって言えるわけでしょ。わざわざ事物を運ばなくていい。

鎌田　あぁ、そういう意味でね。

山極　事物はポータブルじゃないんですよ。でも言葉にしちゃえば……。

鎌田　概念として……。

山極　持ち運びができる。

鎌田　これはものすごく大きな革命だった。それはまぁ、認知革命と言ってもいいでしょうね。

山極　でも今の話は、物質というか、われわれの自然科学で証明できることではなくて、ある種の推論ですよね。遺伝子はいいけど、そこから先、哲学の領域になるんですか、文化人類学の領域になるんですか？

鎌田　証拠をどこに求めるかですよね。われわれが直面している現象としてあるのは、なぜ突然象徴的な事物が人間の周りにたくさん現われるのか、なぜそれ以前になかったのか。そういうことがまず現象として認められなければならない。じゃそれをつくりだしたのが何なのかということですよ。言語以外にない。それ以外考えられないからですね。

山極　火を起こすかまどとかは別の話？

鎌田　火はネアンデルタール人は多用していました。かまどもあります。埋葬《まいそう》もしていました。ちょっとプリミティブだけどね。死者という概念はあったんだと思いますね。だけど象徴物というのはないんです。土器は使ってない。石器は使っていましたよ。毛皮を使っていたけどそれを縫い合わせることはできなかった。針をもっていなかったから。

山極　なぜ毛皮と分かるんですか、残ってないでしょ？

山極　いや、だけどネアンデルタール人が住んでいた場所に、毛皮の痕跡が残っていたり、ネアンデルタール人の遺体が毛皮に包まれていたりする場合にはそう考えられる。しかもあの厳寒の地にいて、そういった火や衣類なしには過ごせるわけがない。ネアンデルタール人もおそらく白かったということもだんだん分かってきました。サピエンスと同じように毛がなかったということも分かってきた。

鎌田　なるほど！

観察・化石・エビデンス

鎌田　第4講で、先生のゴリラの研究、計測なしで観察から有力な仮説をつくりあげる、というお話がありましたね。では、今の人類が進化するあたりのところで観察は使えないんですかね。もう残された石器とかしかないから。

山極　それはいろんなエビデンス（証拠）を集めながら組み立てるしかないんですよ。パズルみたいなものです。だからミッシングリンクとか言うわけだけど、もともと社会の進化の復元というのはそういう宿命をもっているわけです。社会は見えませんから。現代のわれわれの社会だって見えませんからね。じゃわれわれは社会があるとなぜ感じるのかと言ったら、それは観察を通してなんですね。この集団は自分たちを集団として自覚している。だからこそ同じ服装をしているし、あるいは何か危険が生じたら助けようとするし、だからそこに彼らが考えている社会があるのだというふうに実感するわけです。これは観察なんですよ。そこには物的なエビデンスなんて何にも要らない。ただ現象を見るんです、われわれは。そこでそれがあるだろうと直観し、実感する。

それを証拠立てようと思ったら、もちろんデータを取ればいいんですよ。社会は見えないんだから、いちいちの社会交渉を記録して、それを積み上げて立証する。それはわれわれがやっている動物社会のフィールドワークと全く一緒なんです。同じことをわれわれは動物でやったというわけです。

でも、われわれが今もっている社会ではなくて、もっと古い社会を導き出そうとしたときに、われわれ生きている人間がその当時生きていた人間を見ることはできないわけだから、生きている人間の社会関係を類推するエビデンスをもたなくちゃいけないわけですよ。だから化石から出てくること、道具から出てくること、あるいは彼らが残した遺物から出てくることをエビデンスとして利用しながら、それぞれに組み立てていくわけですよ。それを合わせてどういう社会だったに違いないとおぼろげながら類推する、それがわれわれの学問なんです。

もちろん化石屋さんはやれることは限られている。例えば、子どもの成長が歯の年輪から分かるとか、男女の体重差というのが骨格の違いから分かるとか、いろんなエビデンスを彼らは見つけるわけです。そしてそれが今の人間と、あるいはチンパンジーやゴリラとも違うとすれば、その差をもつためにはそこにどういう社会があったと類推するのが正しいだろうかと、突き詰めていくわけですね。百％正しいかどうか分かりませんよ。化石から分かることは限られていますから。だけどそれに付随するような装飾品が出てくる、そしてある子どもの埋葬にはものすごくたくさんの装飾品が副葬品として使われているとなると、これは社会階層があったに違いないとかいうことが分かるわけですよ。

あるいは老人の骨が少ないから、当時の人間の寿命は短かっただろうとか、歯の萌出《ほうしゅつ》を骨格と比べて成長が早かっただろうとか、そういうことを類推しながら、それをパズルのようにはめ込みながら、その当時の社会を復元していく。

鎌田　そうやって復元した社会と、ゴリラとかチンパンジーとか霊長類学で見える社会と、何が違って何が同じなんですか？

山極　いや、環境を考慮に入れられる点が違います。ぼくら霊長類学者は環境を見ることができるわけですよ。ゴリラの環境も、チンパンジーの環境も、人間の環境だって見ることができる。その上で、環境の影響を考慮しながら社会を考えることができる。しかし昔の人類が生きていた環境を完全に復元することはできません。どういう植物、動物に囲まれていたのかもよく分からないわけですよ。

鎌田　復元することのできないものの、もっと古いヴァージョンが古生物であり、ここから地球科学なんですよね。古いから、さっきのエディアカラ生物群とかバージェス動物群まで化石を調べることで一応戻れる。長い時間だけはわれわれ地球科学者はもっているけど、証拠がだんだんだんだん少なくなっていきます。人類学の人骨化石屋さんよりもっと少ない情報、つまり岩石そのものに石化したもので判断するしかない。

山極　生命の誕生の時代なんて全然分からないわけだから、それはそうでしょうね。ただこれは進化論の考え方そのものに表われているんだけど、進化論ってつまり分岐《ぶんき》進化論なわけですよ。

鎌田　分岐？

山極　つまり起源がある。いま生きているあらゆるヴァラエティに富んだものは、どこか一つの起源があるんだという話ですよ。だからどこかで系統的につながっているはずだと考えるんです。それは今西さんも進化論も同じ考え方なんです。ただほんとにそれでいいのかというのが宇宙生命説というもので……。

鎌田　うーん、パンスペルミア説ですね。

山極　そういう話も一方ではあるんで、まだ生命の起源が解けてない以上、いろんな説があるのかなぁと思いますけどね。

鎌田　先生から見るとやっぱり、われわれ古生物学がやっていることもすごく隔靴掻痒《かっかそうよう》の感が強いんでしょうか。これ以上は環境も分からないし、パズル合わせだけで終わっちゃうだろうなというふうに。ちょっと何か優越感をもって見ておられるというか……。

山極　そんなことはないですよ（笑）。

鎌田　妙な言い方だけど、つまりゴリラとか実際そこに実物がいて観察できるのとは違う、とにかく残されたごくわずかの死んだ化石しかないわけでしょ。全然違う体系の学問というか……。

山極　まぁ、そうですね。われわれは過去を知るだけじゃなくて未来につなげたい。

鎌田　そうそう、それ、次の大事なテーマなんですよね。われわれの地球科学でも「過去は未来を解く鍵」と言って過去の情報を未来の予測へつなげたいのですが……。

でもその前に、ここまでの話を踏まえつつ、Ⅱ部の最初で先生が挙げられた「人類の社会性の起源」について、着地点を示していただけるといいんですが。

人類の社会性の起源

山極　人類の社会性の起源ね。

鎌田　そもそも、どこかに求められるものなんですか？

山極　要するにね、人間はわざわざ複雑な社会をつくったわけですよ。サルの社会のように、優劣というルール、あるいは血縁というつながりの重視。こういった単純な所与《しょよ》のつながりというのを重視して社会を構築すれば、効率のいい社会ができたはず。なぜこんな複雑な手のかかる社会をわざわざつくったのか。ぼくが思うに人間の社会性の根本は、鎌田さんがおっしゃった森林からサバンナに出てきたとき非常に弱い存在だった人間が、生き延びるためにとりあえず行った処方箋、多産になることにあったと思います。犬歯も長くなければ、筋肉の力も強くなくて、武器ももっていなかった人間は、子どもをたくさんつくるしかなかった。それは餌食《えじき》になる哺乳動物たちがみんなやっている手口なんです。イノシシは一度にたくさん子どもを産む、シカは毎年子どもを産む、というように、方法は違うけれども子どもをたくさんつくることによって高い死亡率の影響を緩和してきたわけですよ。で、その結果、引き受けなければならない社会性が芽生えちゃったんです。

鎌田　ほほう。

山極　それは共同の子育てという話です。ひ弱な子どもがいっぱい出来ちゃったわけだから、それをみんなで育てるためには、食物を集めるもの、子どもを育てるもの、安全を確保するものという分担が必要になった。その中で、大人が子どもに対して無条件で食物を与えるという行動が、大人の間に普及することによって新たな人間の社会性が生まれた。それが共感を高める話になるわけです。そのヒントはいくつかある。例えば、今いろんな霊長類を調べてみると、大人どうしで食物の分配が行われる種は、必ず大人から子どもに対して食物の分配が行われる。大人から子どもに食物の分配が行われない種では、大人どうしの食物分配も一切見られないんです。ということはその経路をたどると、まず大人から子どもへ食物の分配が行われ、そしてそれが大人に普及したと考えられるんですね。

さらにもう一つ、そういう行動が見られる種はある分類群にとりわけ多くて、それは類人猿と南米のタマリン、マーモセットというサルなんです。類人猿は子どもの成長が遅くて時間がかかる。タマリン、マーモセットは子どもの成長は早いんだけど、一度にたくさん子どもを産むんですよ。つまり

肉を分けあうチンパンジー

多産ということですね。これらの種に、大人から子どもに食物を分け与え、なおかつ大人の間で食物分配が起こるということが集中しているんです。人類の進化の初期のシナリオを考えると、サバンナに出ていった人間が多産になった、そして類人猿と同じように子どもの成長に時間がかかる、なおかつさらに脳が大きくなって、初めは脳の成長にエネルギーをとられるから、身体の成長が遅れて子どもの成長にさらに時間がかかる。類人猿とタマリンやマーモセットの特徴を両方とも人類はもっているんです。

頭デッカチのひ弱な子どもに大人はたくさんの食料を与えなくてはならなくなった。それが結局大人に普及して、食物を分配する行動が大人の間にも日常的になったという経路を考える方が筋道が通っているんです。そして人間のそもそもの社会性は共感によって支えられているわけだけど、そもそも何も一人ではできないという子どもに対して何かをしてあげようという、この相手と自分の能力の差ということを前提に、何かをしてあげたいと思う心によって共感がつくられたと思うんですね。しかも共同保育だから自分の子どもじゃないわけですよ。他人の子どもに対して、子どもだからという理由で食物を与えたり庇護してあげたい。それによって大人どうしの間にも同じような心が芽生えたのではないかということです。

鎌田　なるほど。

山極　脳が大きくなり始めた頃に、人間の子どもは体重が増えたんですね。現代人の赤ちゃんは三キロを越えて生まれてきます。でも類人猿の子どもは出生時、チンパンジーは一・二キロだし、ゴリラみたいにデカくたって一・六〜一・八キロ程度なんです。なぜかというと体脂肪率が違うからで、人間の子どもは分厚い脂肪に包まれて生まれてくるから重たい。その脂肪は何に使われるかといったら、脳の急速な成長を維持するためのバッファなんですよ。人間の脳は生後一年間で二倍になる。もし、そのときに栄養が不足すると脳の成長が妨げられるから、脂肪を燃やしてエネルギーを供給するんです。ゴリラの子どもだと四年間で二倍だから脳はゆっくりとしか成長しない。だからゴリラの赤ちゃんは脂肪が少なくてガリガリでいいんですよ。おっぱいで十分間に合う。

ちなみに人間のお母さんは大量のおっぱいを出す。しかも赤ちゃんは脂肪が多い。でもそんな重たい子どもをずっと抱き続けることはできないわけです。ゴリラの赤ちゃんは自分でお母さんの毛皮につかまる握力をもって生まれてくるけれども、人間の赤ちゃんはそんなしっかりした力はないから、しかもお母さんに毛がはえてないからお母さんにじっとつかまることができない。お母さんはそんな重たい赤ちゃんをずっと抱き続けることはできない。だからどこかに置いちゃう。置いちゃうと、離れた赤ちゃんに対して安心させなければならなくなる。あるいは他の人に一旦渡すから、自動的に他人の子どもを育てる機会が増えるんです。そうすると赤ちゃんにとっては自分のお母さんが近くにいない、だから自分の不具合を訴えたくなって大声で泣くわけです。この大声で泣くという現象は人間の赤ちゃんしか見られないんです。

鎌田　ああ、そうなんですか。

山極　チンパンジーの赤ちゃんだってゴリラの赤ちゃんだって全然泣かない。おとなしい。それは生まれてからずっとお母さんに抱かれつづけているからなんです。だから訴える必要がないんですよ。何か不具合が生じたら、身体の動きでお母さんが気づいてくれる。それが肌の接触ということなんです。人間のお母さんは、自分の手から赤ちゃんを放してしまうんですよ。他人に抱かれながら、あるいはどこかに置かれながら、赤ちゃんは自己主張しなければならない。だから泣くわけですね。それに対して、実の子どもではなくても誰もがその泣き声に気がついてその赤ん坊をなだめようとする。またその事情を知ろうとする。泣きやませるためには泣いている理由を解決しないといけないですから、おしめを替えようとか、お腹が空いてるだろうとか、いろいろ考えるんですね。

そのとき離れた相手に対して優しい言葉をかける。赤ちゃんは言葉が分からない時期でも、音声に応じてその優しさを自分の中に取り込む能力があるんです。赤ちゃんは絶対音感をもっていて、声の音程によって相手の働きかけを感じるわけです。言葉の意味なんて分からないんですよ。その声をインファント・ダイレクテッド・スピーチというんだけれど、人間は習わなくてもその声を出せるわけです。どの民族、どの文化で生まれようと、インファント・ダイレクテッド・スピーチを出せるんですよ。ピッチが速くて繰り返しが多いという、そしてちょっと高めという特徴をもっているんですけど。赤ちゃんに対して誰もが同じように優しく接することができる能力を、人間はかなり古い時代から鍛えてきた。それが大人の間に普及して、相手に対して音楽的な音声を出して安心させたり心を通じ合ったりする。言葉以前に、音楽を通じて相手と一体化するという行動が生まれた。それが人間の共感力の源なんです。そこに人間の社会性の原点があると思います。

鎌田　ははぁ。

山極　それが何をもたらしたかというと、恐怖に対してみんなが心を一つにして耐えることができるようになった。肉食獣のうようよいる場所にいたわけですからね。あるいはそれに対抗して、自分たちで力を合わせてその脅威を取り除く、闘うということが生まれる。チンパンジーもゴリラも人間のような連帯力はありません。個人の攻撃を一緒にやっているだけですから。みんなが力を合わせて弱いものを守るとか、自分たちが力を合わせて新しい局面を切り開くとかいうようなことはほとんどやらない。人間だけにその能力が備わったんです。それは大人の間で心をひとつにする、相手のために自分は傷ついてもいいというような、他の動物にはない心性《しんしょう》というのを獲得する必要があった。それは音楽的なコミュニケーションを通じて、仲間と一体化するという行動だったんですね。それが人間の社会性の元になるんですよ。

共感力がつくる社会性

鎌田　ここまでの説は霊長類学者ぜんぶのものですか、それともゴリラ研究者だけの？

山極　人間が進化の過程で共感力を高めたというのは霊長類学者すべてが合意している見解です。それをアザー・リガーディング・ビヘイビア（他者を思いやる行動）と言うんです。これはとりわけ子どもの成長に時間がかかる類人猿と、多産のマーモセットやタマリンに多いことが分かっています。それが人間につながる。人間は他人のことを思いやる行動をすればするほど精神的に安定するとか、精神的に健康になるということが、精神医学の研究からも示唆されています。だから相手のことを思いやったりする時間というのは、今の経済優先の時代では無駄なことなんだけれども、それをする方が精神的には健康になる可能性がある。そういう社会性が人間の身体に反映されて作り上げられてきたプロセスを、今われわれは身体に温存しているに違いないということですね。

鎌田　今の話、子どもを産むとか子どもを育てるということが、いかに現代人にも重要かということですね。

山極　さっきも言ったように、共同の子育てという行為が実は人間の社会性をつくったと思うんです。共同の子育てをするために、家族とコミュニティという二重構造が生まれたとぼくは思っている。

鎌田　そこでお聞きしたいのは、自分の子どもでなくても共同の子育てに参加すればいいんですか、その共感を得るには。

山極　そうです。

鎌田　わが子ということを言ってるわけではない？

山極　チンパンジーもゴリラもアロマザリング（仮母行動）という、他人の子どもを育てることは見られるんです。でもそれはあまり一般的じゃない。人間だけが、教育という場面では他人の子どもと自分の子どもを分けへだてせずに、しかも子どもであるというだけで、おせっかいな行動をするわけですよね。教育とは究極のおせっかいです。そういうのは人間だけなんですよ。人間はおそらく共同の子育てを通じて、コミュニティという組織を家族の外につくった。家族だけでは、母親と父親だけでは、子育ても教育もできないわけですよ。たくさん子どもを抱えているわけだから。

鎌田　今のお話は、学校もそうだということになりませんか。大学にも当てはまると思うんですが、何百人とかの学生に授業して、何かあったらすぐに個々に手当てするわけだし、研究室では院生をみたり……。

山極　要するに学校や大学というのは長い間、人間には要らなかったわけですよ。コミュニティが教育の単位でした。でも農耕社会になって、集団規模が大きくなって、親だけでは、コミュニティだけでは教えられないことがどんどん増えてきた。

鎌田　あ、そうか。そこで学校が出てくる。

山極　生き方や技術というものを教えないといけなくなった。生産だけに力を注ぐわけではない人たちが出てきて、いろんな職能集団が出来るわけですね。そういうものを教える機関が必要になってきた。人間の生活史にはチンパンジーやゴリラにはない三つの時期が埋め込まれているんです。一つは離乳期が長いということですね。それは多産になるために人間が離乳を早めた結果必然的になった時期なんです。もう一つは思春期。思春期は人間の脳が大きくなって、脳に最初はエネルギーをとられるから身体の成長は遅れるけど、脳が完成に達して身体にエネルギーを与えることができるようになると、身体が一気に成長する時期にあたります。この思春期は、チンパンジーやゴリラのとりわけメスにはないわけです。でも人間には女性にも男性にも思春期はある。もう一つ、長い老年期というのがある。この三つがゴリラ、チンパンジーと違う部分であって、特に思春期をどうやって過ごすかということが重要になってくる。そのためには、親以外の人たちがそのあぶなっかしい思春期を支えないといけない。それが言うならば学校というものにつながっていったと思うのです。

世界中のどの民族をとっても、成人儀礼というのはほぼ男性にしかないんですね。なぜ女性にないかというと、女性は子どもを産むことが成人儀礼なんです。男性というのは子どもを産むという経験ができないから、あなたは成人になったよということを周囲が認めなくちゃならない。そのために成人儀礼があるんですよ。入れ墨をしたり、抜歯《ばっし》をしたりね。そのときに特に重要なのは、男性が女性から一人前の男として認められることなんですね。つまり子どもを育てるパートナーとして、子どもを保護できる能力をもった一人前の男性として女性が認めるということが重要なわけです。そういうのは基本的に動物世界にはないわけですよ。それは人生に区切りをもたそうとする、自然とは違う文化的な仕組みです。もちろん自然に根ざして成長にのっとって行われるわけだけど、でも完全に生物学的な特性の上に乗っているわけじゃない。ある年齢にくれば自動的に成人したという話ではなく、そういう人生の区切りを文化的につくった。そうなるための修行というのをするわけですよ。それが学校なんです。

僕が暮らしていたアフリカの村ではキンベリキッティという伝統的慣わしがあって、一二歳から一四、五歳の子どもを村の長老たちが森へ連れて行って、三カ月くらい過ごして、われわれ民族はどこから来たのかとか、どういう植物が薬になるのかとか、森にどういう危険が潜んでいるのかということを教えるわけです。それは親では教えられない。だからそれは一つの学校なんですね。

鎌田　今の話で思ったのですが、共感という観点だと、最初の保育園ってとても大事ですよね。保育園や幼稚園、それからちょっと飛んで思春期で中学校、高校、それから社会に出て定年を迎えて老年ですよね。でも今あまりにも受験競争が強くてね、共感とかいうものを失くしてきているから、大学で回復してもらわないと社会に出たらすぐに企業戦士や役人になっちゃうじゃないですか。だから大学って最後の共感を呼び起こすというか、少しでもコミュニケーション能力を取り戻すためのすごい大事な時期になりますね。

山極　いや、ぼくはね、離乳期に共感を発達させるという話をしたわけじゃないんですよ。離乳期の子どもを預かってるからこそ、大人に共感力が芽生えるという話なんです。そこで大人は共感力を使わなければならないわけです。

鎌田　あぁ、そういうことですか。むしろ大人自身が問題なんですね。

山極　但し、お母さんのおっぱいから離れて大人と同じものを食べるようになって、食事を一緒にする、このときが共感力を育てる最初の機会です。それまではお母さんとだけ付き合っていたんだけど、そこに競争相手ができるわけですよね。同じ食物を自分たちで分け合わないといけない。それをぼくは「食卓の戦争」と呼んでいるんだけど、食物の奪い合いが始まるわけです。そのときに兄弟がいないと経験できないわけですが、自分の食欲、人間が生きるためにいちばん大事な欲求、その欲求を抑えて仲間と取引することを覚えるんです。お兄ちゃん、これやるけど、これちょうだいみたいな。そういうことをやりながら相手が何を考えているか、自分に何を望んでいるか、自分がやりたいことがどうやって相手を利用して実現できるかというタクティクスを覚えるわけです。それには共感というのが絶対必要なんです。

それを食卓ではないところにどんどん応用していくのが子ども時代。だから今の少子化の時代、近所付き合いがなくなって、なかなかそれを就学前の児童に体験させることが難しくなった。しかも孤食の時代なわけですよ。共食というのは、人間が類人猿から離れて日常化させた、非常にプリミティブな起源の古い社会行動なんですよ。つまり個人の食欲が高まるだけではなく、相手の食欲を取り入れながら、社会関係をつくっていくということを始めた。これは類人猿に出来なかったことなんです。ぼくはこれが直立二足歩行とおそらく結びついているだろうと思いますがね。

鎌田　なるほど、壮大なお話ですね。

こぼれ対談④『京大総長クッキング』と日本の食文化

山極　ぼくは高校時代までは、自分で料理を作ったことはなかったんですよ。大学に入って下宿するようになって、でも料理の情熱は全然なかったから、インスタントラーメンとか外食とかばっかり。でも信州の地獄谷に行き、屋久島に行って、初めて地域の珍味というものを習って、自分で料理をすることの味を覚えたわけです。屋久島に行くときのバイブルは、檀一雄《だんかずお》の『檀流クッキング』でした。

鎌田　へぇー。檀一雄が書いてるんですか？

山極　そう。檀一雄は料理が大好きで、世界中を旅行する度に、地域の食材をどうやって料理するかということを楽しみにしていたわけですよ。それをね、微《び》に入《い》り細《さい》を穿《うが》って書いてあるのが『檀流クッキング』なんです。

鎌田　へぇー。

山極　これはよかったなぁ。要するにね、違う土地に住む、あるいは違う土地を旅する喜びが、食というのをきっかけに広がるわけですよ。まず地域の人は何を食ってるんだろう、なぜ食ってるんだろう、この味覚はどうやってみんなに共有されてるんだろうという話になるわけですよ。しかもね、みんなが知らない味覚をつくるという味も覚えるわけです。ぼくも屋久島で、下宿した農家の主人に白菜は畑でいくらでも取って食っていいよと言われてね、金がなかったから、白菜ばっかりなんですよ。さぁ、白菜をどうやって食おうかと考えた。ニンニクをちょっと入れて、醤油をちょっと入れるだけでものすごくおいしい料理が出来る。あるいはタマネギのスライスをつくって、そこにサバブシを削って入れるだけで酒の肴《さかな》になるわけですよ。最高！　ちょっと地元の磯に行って貝を拾ってきて、貝はカサガイやトコブシですから毒はない、それを煮詰めて出汁《だし》をとって、それで飯を食う、最高！　これは旨いというのを覚えるわけですよ。

もちろん地元の人にバカにされる料理もある。例えばハゼってあるでしょ。東京人だからハゼって美味しいものと思っているわけ。地元ではヨシノボリといって、河口付近にいっぱいいて、もう入れ食いで釣れるんですよ。なんぼでも漁れる。それをとって来て煮て食ってたら、お前、まぁそんなもの食ってよほど貧しいんだなぁと言われる（笑）。ヨシノボリは地元の人の食べ物じゃない。これは魚の餌になるんですよ。人間の食べる物ではないんです。あ、そうかと。

鎌田　ハゼなんて天ぷらにしたら最高ですよ。

山極　おいしいんだけど、地元の人は絶対食わない。

鎌田　先生、それ、「山極寿一のクッキング」で売り出したらいかがですか？　新刊『京大総長クッキング』（笑）、面白いです。

山極　アフリカに行ってから思ったのは、日本人というのはほんとに味に対して多様で許容力のある民族だということですね。アフリカではほとんど毎日同じものを食べる。同じものを食べることが幸福なんです。でも日本では毎日同じものを出したのでは、なんでまた同じものをと怒られる。全く逆なんですよ。アフリカでは同じものを出さないと怒られる。

鎌田　あ、そうですか。

山極　朝に作って、昼と夜、同じ物を食べるんです。だから料理に時間がかからない。

鎌田　それはその食べ物が唯一絶対おいしいと思ってる、ということなんですか？

山極　おいしいと思ってる。でも、ぼくは耐えられないわけですよ、毎日違うものを食べないと。でもこれは世界の中では特殊なんだということです。

鎌田　日本が特殊ですか。

山極　それはいつどういうふうにして鍛えられたのか。おそらく室町から江戸にかけて通商が盛んになってからでしょうね。それまではたぶん毎日同じ物を食べてたと思うんです。それからもう一つ、日本人が不思議がられるのは、日本人は農民だと思っていたけれど、やっぱり採集民だったということです。どうしてこれだけ山菜を利用するのか。だってアフリカでは山菜なんてほとんど使わないですよ。理由は自然の摂理《せつり》に基づくんだけど、熱帯では虫害を防ぐために植物は防御しているわけですよ。

鎌田　毒をもっているから？

山極　消化を阻害する物質をいっぱい含んでいる。だから植物なんか食べられない。農民は毒素の少ない野菜をいっぱいつくって、野菜ばかり食べる。日本は虫害の恐れがない冬という過酷な気候帯に属しているから、山菜が無防備なんですよ。

鎌田　あっ、そういうことですか。

山極　人間にも食べられる。それを利用したのが縄文人なんです、きっとね。しかも、北の海に多様な食物資源がある。だから日本は極東にもかかわらず、台湾よりも先に人が渡ってきたんですよ。台湾は三万年前だけど、日本は三万五千年前、五千年も早く日本列島に人が渡ってきた。朝鮮半島を通って渡ってきている。それは熱帯では使えない食物戦略を使って人間が生存力を高めた証拠なんですよ。それ以来日本人は採集をやめない。

鎌田　なるほど。

山極　だからアフリカ人に言わせると、日本人って農民じゃないよなと。これだけ食卓に山菜を使っている農民はいないです。

鎌田　そういうことになるんですね。

山極　面白いと思いますよ。われわれは四季の山菜を食卓にあげることは当たり前と思っているけど、そんな習慣はどの世界でもないんですよ。

鎌田　そういう目で日本列島をもう一度見直したいですね。

第6講　われわれはどこへ行くのか

人間の身体性と共感力

鎌田　いよいよ最後の講は、人類の未来について語っていただきましょう。

山極　われわれはどこから来て、どこへ行くのか。どこへ行くのかということをやっぱり知りたいわけですよ。人類はここまで進化したというけれど、われわれが意識してわれわれの過去を眺められる有史時代で言えば、せいぜい一万年くらいしかないわけで、文化の爆発を示す装飾品が出てきてからでも四万年くらいしかない。人類の進化が七百万年とすれば、ほんのわずかな証拠しか握ってないわけですよ。

だけど人間の環境の変化の速度はどんどん増している。その短期間に、言うならば、文明の転換点みたいな時期は三回か四回くらいあって、今その間隔がどんどん短くなっているわけですね。農耕革命、産業革命、そして情報革命となって、まさに次に何が来るのか。産業革命から情報革命まで二百年しかない。農耕革命から産業革命までには一万年近い時代があったわけですよ。こんど情報革命から次の革命までひょっとしたら何十年かもしれないですね。何年かもしれない。

鎌田　ふむふむ。

山極　どこへ向かっているのかと問う前に、やっぱり人間の身体性ということをもう一度考えないとね。ぼくがすごく重要視しているのは、脳が大きくなって象徴物を作りはじめてから、実は人間は知識を脳の外に出すということを覚えたわけです。それがいまだに続いているということです。つまり脳はどんどん空っぽになっていく。人間の脳が身体化しているときには、外のものに人間の行動がしばられるということがあまりなかった。時間、空間、それはすべて身体化していたから。だけどどんどんそれを外に出したわけですね。外のものにやらせるということになった。

鎌田　今風に言えば、アウトソーシングですね。

山極　今は情報化だから、モノではなくて情報にそれをさせているわけです。もっとヴァーチャルになってきた。これからどこに行くのかといったときに、そういった情報によって作りだされる世界が人間の身体からどんどん離れていく。でも逆に人間の身体そのものを情報が新たに作りはじめている。

鎌田　えーっ。

山極　だってＡＩがそうじゃないですか。

鎌田　ああ、そうですね。

山極　だからそういったときに、人間というものは一体何なのかということを過去に遡ってもう一度定義し直さないといけなくなってきた。生命倫理の問題もあるし、人間の幸福とは一体何かということともあるし、それをもう一度考え直すためには、人間の身体がどうつくられたのかという歴史をもう一度確認しなくちゃいけないと思っているわけですよ。そこをちょっと今テーマにしたいとぼくは思っているんです。

鎌田　AIに関して、それはある機能の肩がわりはできるけれど、人間そのものの代わりにはならないですよね。もともと天然の生物ではないし。

山極　生物ではない。

鎌田　そうすると、AIと人間は今後もずーっと違うもので、怖るに足らずというか、コンピューターの機能が増えるだけですよね。

山極　でもね、人間はいろんなことを外にやらせ始めたわけですよね、自分でやらずに。それによって人間は感じることも考えることもやめていくかもしれないわけですよ。例えば、今あなたの好きなものは何ですかと言われて、これまでは自分の欲求に従って答えていたものが……。

鎌田　アマゾンがバーッと決めちゃう（笑）。

山極　あぁ、そうね、それに従って自動的に幸福感を感じるような人間になっていくかもしれない。その方が楽だから。自分でいろいろ悩む必要がないからね。あなたが好きな人はこの人です、あなたが好むことはこういうことです、こういうふうにやりなさいという指令がどんどん来て、その通りにやっていけば自分で決定する必要がないし、考える必要も悩む必要もなくなる。それが、近い将来待っているかもしれないわけですね。

ですか？

鎌田　そのとき退化していくんですか。つまり、われわれはもっているものをどんどん失っていくんですか？

山極　失っていくと思いますね。だって使う必要がないんだもの。

鎌田　使わないと減っていくというか、消えていくだけ。

山極　だからぼくが最近よく問題にしているのは、共感力の減退という話なんですね。第**5**講の五感の話に戻るんだけど、人間は近い人間に親しみを感じるという身体性を通して親しい人間関係を作ってきたわけですよ。でもそれを手放しつつある。それが七百万年という長い進化をかけて作り上げてきた歴史の古い能力なんですから。あるいは携帯やスマホを使えば距離感はなくていい。だってインターネットの中で見ると距離なんて無くなるわけですよ。だから人間のもっている距離感を感じる五感というのは使う必要がない。使う必要がなければ衰えてきますよね。親しみというのは一つの思い込みなんだから、それを接触でやろうと味覚でやろうと、嗅覚でやろうと視覚でやろうと聴覚でやろうと、思い込めばいいわけですよ。ところが人間どうしのやりとりがネット上にシフトしていくと、どんどん五感の影響がなくなっていく。すると、五感はどんどん衰えていくんですね。

それからＡＩは曖昧なものを確かなものにしていこうという方向性をもっているわけですね。これも第**5**講の森林のサルの話に戻ると、曖昧なものを曖昧なように理解する、感じるというのがサルからつながる人間の能力だったわけですよ。家族がそもそもそうなんです。でも曖昧を許さないという方向に行くわけですからね。それを突き進めていくと、人間が機械になっていくという話になる。つまり曖昧なものは不気味、もっときちんと正確に知りたいと。

鎌田　今の若い人は結構みんなそうですよね、学生たちも分からないことに対してめっぽう弱い。

「曖昧さ」の価値VSデータ信奉者たち

山極　曖昧なものを曖昧なままに温存しておく、曖昧なままに付き合うということができなくなるんです。だから相手の本心を知りたい、ほんとは本心なんか分からないものなんですよ。でも知りたい、証拠がほしい、どんどんどんどんエスカレートしていって結局相手が信用できなくなって破綻《はたん》してしまう。そんなものは分からないものだし、曖昧なままに付き合っていけばいいんですよ。あるいは言葉なんか分からなくたってある程度気持ちが通じればいいじゃないかという鷹揚《おうよう》さ、曖昧さをどんどん失っていくわけですね。なぜ曖昧でよかったのかと言ったら、それは感じる心をもっていたからです。実際何が起こっているかということを正確に確かめなくても間違わないというのが森林の世界なんですよ。それを失いつつあるということですね。

鎌田　そうですね。ぜんぶを明らかにしないといけないというのは、まさに科学の行き過ぎですね。例えば、ぼくの火山噴火予知だと、調査に行ってデータを取りには行くんだけれども、全部のデータが得られるわけではない。こういうときに常に考えるのは、この山は今どういう状態かということで、そうしないと危ない。先生が森に入っていくのと一緒だと思うんだけど、データがなくても直観的に危険がせまっているのが分かることがある。その感覚を若い人に伝えにくくなっているんですよね。

結局それは何なんですか、スマホで何か緊急地震速報が鳴るから分かるんですかと。いや違うんだ、そういう人間が作ったものではなくてと……。それは実際にフィールドに行っても学生に伝わりづらくなっていて、理解してもらうまですごく時間がかかるんです。直観はもともと曖昧なもので、それを証明するツールなんてないんですよ。でも、曖昧なものを曖昧なものなんだといっても受け入れられなくなっている、若い人たちが。

山極　初めから測ろうと思って行くんですよ。

鎌田　そう、そうだそうだ。

山極　計測器をもっていって、数字にならないと納得しない。エッほんとですか、それはちゃんと測ってみないとと言う。バカじゃないのと思うんだけど（笑）。そこから始まるわけなんですよ。何でもかんでも測ったらいいという話じゃない。そこにある直観と想像力をめぐらせて、何が起こっているのか、何がおかしいのかということを感じないといけないんですよね。自分の考えたこと、思い込んだことが正しいかどうか、いくつかの事例を通して見定める余裕が必要で、それをやってからあ

らためて他人を説得するためにデータを取るということなんです。でもね、データ信奉者はまずデータを取ってみて、このデータは私の仮説に合わないんですけどと言う。

鎌田　そうそう、そうそう。

山極　もともとデータを基に仮説をつくっているものだから……。

鎌田　逆転してるんですよね、話がね。

山極　本当は合わなかったら仮説が間違っているんだから、仮説を変えたらいいんだけど、ところがデータ信奉者は仮説通りにデータを取ろうとするんですよ。それは大きな間違いであって、そこで自然現象を読み間違えてしまうわけですよ。

鎌田　そうですね。地震予知でも怖いのは、データはいま簡単にいくらでも取れるし、ネットから公開情報を拾うこともできる。そうすると自分の思い込み通りに論文を書くやつがいるんですよ。最近ネットにあるじゃないですか、何月何日に地震が起きる、とかいう類《たぐい》の「予知」が。あれは気象庁からぜんぶデータが出ているから、それを使って商売できるんです。でも解

析のしかたに科学的な根拠がないから、非常に危険なんです。データが世の中にあふれかえっているから、結局都合のいいデータばかりを取ってもっともらしく予知したと言う。そういった本末転倒がビッグデータにはいつもつきまとっているんですよ。それが怖くてね。

山極　だからぼくは、ビッグデータの解析というのはね、使い方によっては有効だとは思うけれども、何でもかんでもというのは大きな間違いだと思う。

鎌田　すごく落とし穴がありますよね。若い人はそこから何か論文を書こうとするわけでしょ、そうするとほんとにとんでもない論文が出来上がるんです。一応データは大量にあるんですよ、でも直観的に最初から間違ってるよというのがある。いちばん最初のボタンを掛け違えるとずっとそのまま。でも彼はそのことに気づかないから、ぼくの論文は誰にも信用してもらえませんと不平を言う。ところがそれは当然の結末なんです。最初が違っていて、とんちんかんなんだから。

山極　やっぱり自然科学者としていちばん大きな喜びというのは、思いもかけなかった現象が目の前に立ち現われてきて、世界観が変わることなんですよね。それは全く予測しなかったこともあり得るし、予測していたことがあるとき突然出てくることもある。その瞬間をきちんと感じなければ科学者としての喜びはないわけですよ。

鎌田　そうですね。

山極　自分で予測したことがデータ上確認されたから嬉しいんじゃないんですよ。そうじゃなくて、自然はそれほど思い通りにはなってくれなくて……。

鎌田　いつもきれいなもんじゃないですよね。

山極　そう。そこは口酸っぱくして院生には言ってるんだけどね、ぼく自身がそういう経験をしているから。やっぱりこんなもんだろうと思っていたのが全然違う形で現われること、予想を覆《くつがえ》されることが多いわけですよね。

地球科学の黄昏?

鎌田　それからもう一つは、時代だと思うんだけど、ぼくや先生の研究者かけ出し時代はネットもなかったし、現場に出かけて行って、ろくに計測できなくても観察だけでわりと論文になったじゃないですか。今はね、そこが大きく変わってしまった。オリジナルなアイデアや観察よりも、データの量で押し切る研究者が多くなった。つまりアイデア勝負の牧歌的な時代は終わっちゃったんですね。これに対して地球科学は黄昏《たそがれ》に入ったと言うと、いろんなところから矢が刺さるんだけど（笑）。

なぜかというと、プレートテクトニクスってあるでしょ。地球は十枚ほどのプレート（岩板）でおおわれていて、地表の現象がその動きで全部説明できた（『地学のススメ』講談社ブルーバックス、二〇一七年）。あのときはハッピーなんですよ。一九六〇年代ですね。つまりプレートが地震も起こすし、地下のマグマもつくる、なんと大陸までが移動する。それは一次近似というか簡単な物理モデルで説明がつくんですね。それが三〇年、四〇年経って、細かい情報が集まってくると合わないことが当然いっぱい出てくる。そうすると最近の論文では話が複雑になってモデルが美しくない。プレートテクトニクスが「地球科学の革命」だった頃はあんなに美しかったのが、これも成り立たない、あれも成り立たないとぐちゃぐちゃになっている。

どういうことかと言うと、地球科学はある程度一次近似で行けるところはもう終わったんですよ。あとは言わば「複雑系」を扱うことになるわけ。だから地震予知ができない。なぜかというと、岩石が割れる現象は突きつめると複雑系に行きついて、すべての分子の動きをコンピューターに入れて解析したってやっぱりどこで割れるか予測できないんですよ。一種の複雑系であり、「バタフライ効果」（初期のわずかな差が結果として大きな違いをもたらすこと）が生じる世界であり……。だから結局あるところまではわれわれ地球科学者はハッピーに研究していたけど、あるところから急に地震予知もダメ、火山噴火予知もダメ、というようになった。例えば、御嶽山《おんたけさん》噴火（二〇一四年九月）のように突発的な火山災害を防げない事態が発生してしまったんです。

何と言うか、あまりにも初期条件が複雑すぎちゃって、一般市民が期待する予知はもう原理的に無理なんですね。これをぼくは、今の地球科学はそろそろ黄昏かというわけね。学問に盛衰があるのは決して残念なことでも隠すことでもない。それはかつての生物学にも物理学にもあったと思います。こういうことは霊長類学にはないですか。先生の時代はよかったけど、最近は、とか。

山極　黄昏だとは言いたくないけれども、いま鎌田さんがおっしゃったことを言い換えれば、メカニズムは分かった、しかし予測はできないということなんですよ。すべての学問がそうですよ。動物行動学でも霊長類学でも人類学でもそうです。人間がどういうときにどういう行動をするというメカニズムは分かってきた。

鎌田　そう、大雑把《おおざっぱ》なメカニズムはね。

山極　でもこれから何が起こるかは分からないわけですよ。

鎌田　科学って「予測と制御」がその命だと思います。そこで「われわれはどこから来たのか、われわれは何なのか、われわれはどこへ行くのか」というゴーギャンの言葉に則《そく》すと、結局ここまで分かった、その次に未来を予測したい、となるわけでしょ。そこで今の地球科学はいちばんつらい立場にあるんですよ。ぼくが博士論文を書いていた三〇年前はまだハッピーだったわけね。実は地震や津波はこうやって起きますよ、とまさに地球科学の全盛期でした。でも今は「3・11」も予測できないでしょ。熊本地震も予測できない。御嶽山の噴火も予測できない。だからすごくくやしいんだけど、言わば負け続けなんですよ。それは学問自体がそういう時期に来ているわけね。昔のハッピーな時代が終わったことを、認めたくなくても認めないと次の時代がこない、とぼくは思う。

山極　いや、社会の問題だって同じことでね、まぁ何て言うのかな、冷戦構造が終わって統合が進んでというような話で、だけど民族紛争は世界各地で起こっているわけで、あの頃アラブの春が起こるなんて予測していた人は一人もいなかった。あるいは経済でもリーマンショックが起こって、またいろんな予想外のトラブルが各地で勃発している。だからプリセールスの約束なんてできない。でもおおまかにどういうふうに流れていくかということはある程度言えるでしょう。例えばいま経済はグローバルな、フラットな状況にどんどんなりつつあるわけですよね。それが次に何をもたらすかということは正確には予想できない。しかしこういう方向に動いていくという方向性はある程度分かるわけですよね。

鎌田　それ、ほんとですか。その方向性も今、ぼくはちょっと分からなくなっていて。先生はオプティミスティック（楽天的）ですか？

山極　というかね、そんなに間違ってないと思う。

鎌田　あ、そうですか。

山極　例えば、社会学者というのは進化ということには全く無関心なんですね。

鎌田　そのとおりですね。

山極　ぼくは昔から社会学者と話すことが多いんですが、社会学というのは現在起こっていることと近過去くらいしか比較できないんですよ。でもそれをもうちょっと広い、長い視点で眺めてみると、彼らが予測できなかったことが予測できるという話にもなる。それは短いタームの話と長いタームの話と合わせて考える必要がある。

鎌田　なるほど。よく分かります。私はいつも「長尺《ちょうじゃく》の目」と呼んでいるのですが、地質学の何十万年何億年という長いスケールを合わせて考える。

山極　そういう中で、社会についても時間スケールの長い、少し込み入った話をしなければならないかなと思っています。

身体性・社会性の喪失

鎌田　少し身体性の話に戻りましょうか。現代の霊長類学からすると、人間はここまで来て、これからどうなるんでしょう、具体的に身体は？

山極　ぼくは『「サル化」する人間社会』（集英社インターナショナル、二〇一四年）という本を書いたけど、要はグローバル化して人と物の動きが活発になると、人間は規則やルールに依存していくようになるということですよ。これまではそういったものがなくても、人間の身体感覚でいろんな問題を解決できた。それはある程度閉鎖的な社会で生きていたからね。みんな互いの性格や行動様式を知ってたわけですよ。互いに見知っていた間で生きてたからそれはできた。でも今は価値観も基準もグローバルになりつつあるわけですね。全然生まれも育ちも違う人たちが突然やって来て、その人たちと意見を交わさなくちゃいけないし、共存しなければいけない時代になった。そうすると、ルールをもっていた方がやりやすいという話になって、いや、この人がどう思っているのか分からないから、とりあえずこういうルールをお互い守りましょうね、とやっていくわけですね。

そうすると、さっき言ったように、この人はこういう事情でこういうことを始めたんだから、こっちもそれに合わせて相手の立場になって考えながら、でもこういう解決策もあるよねと提案していく時間を使うことがもったいなくなるんですよ。ルールがあるからいいじゃないか、と。そうすると、信頼あるいは共感というものは人間の社会をつくるプロセスから消え去っていって、ルールだけになる。そして効率だけが前面に出てくるようになる。ルールがあるんだから時間を使うのはもったいな

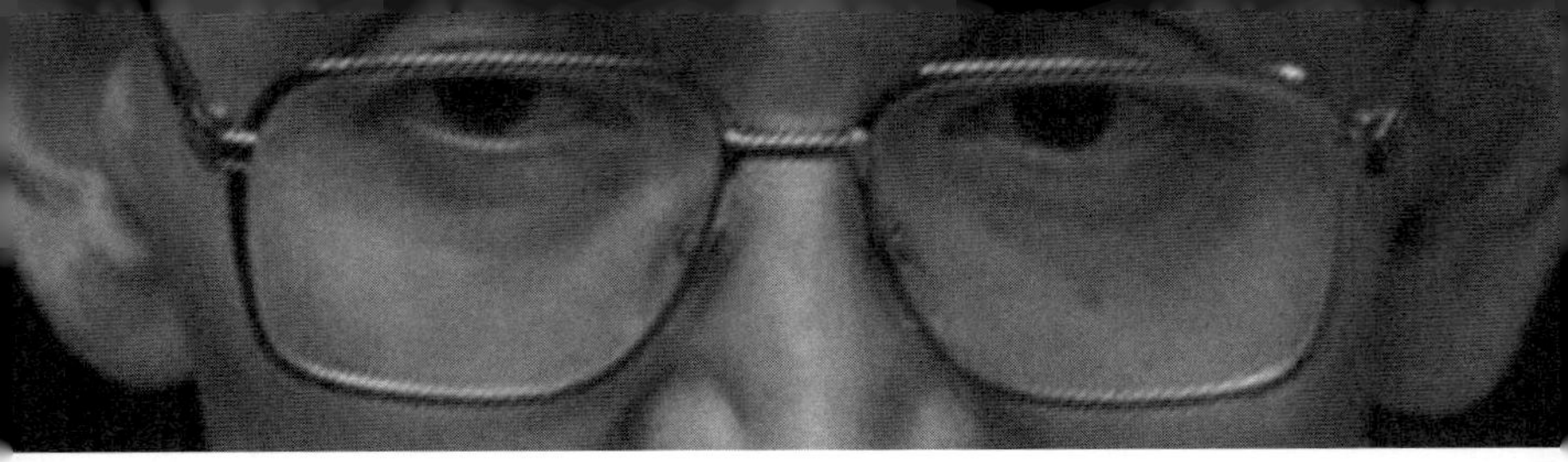

い。時間を使うんだったら個人で思うように時間を使いましょうよ、と。それは今の資本主義、自由主義が求めている方向と合致するわけですよ。だから個人の自由な時間をどんどん増やすということになる。でもそれだけ個人はどんどん孤独になってくる。

鎌田　そうですね。

山極　すると、それを紛《まぎ》らわすツールというのが増えてくるわけです。しかも個人が孤立すると社会性が失われるんで、社会性をつなぎとめるようなツールが発達する。フェイスブックだったり携帯電話だったりね。でも個人どうしが身体を使って交わる機会がどんどん薄れていくんで、他者の実感がつかめないんですよ、情報だけはやり取りできるんだけど。そうすると身体的安定性、他者に囲まれて自分は生きているという安定感がどんどん失われていく。浮遊感だけが残る。

　インターネットの中に情報はいくらでも浮かんでいるわけですよ。それを摘み取りながら自分というものを作っている。視覚と聴覚が重要だと言ったのは、実は人間というのはサルの時代から仲間に見られている、仲間に注目されているという感覚をもちながらその社会性を根拠に行動していたわけです。仲間に嫌われたくない、仲間に支持されたい、仲間から期待されたいというのが人間の社会性の根本にあるわけ。それがどんどん失われていくわけですよ。それは相手が自分を見ない、自分も相手を見ないという断絶から生じるわけですね。でも情報は降ってくるから自分が生きるのに支障はない。で

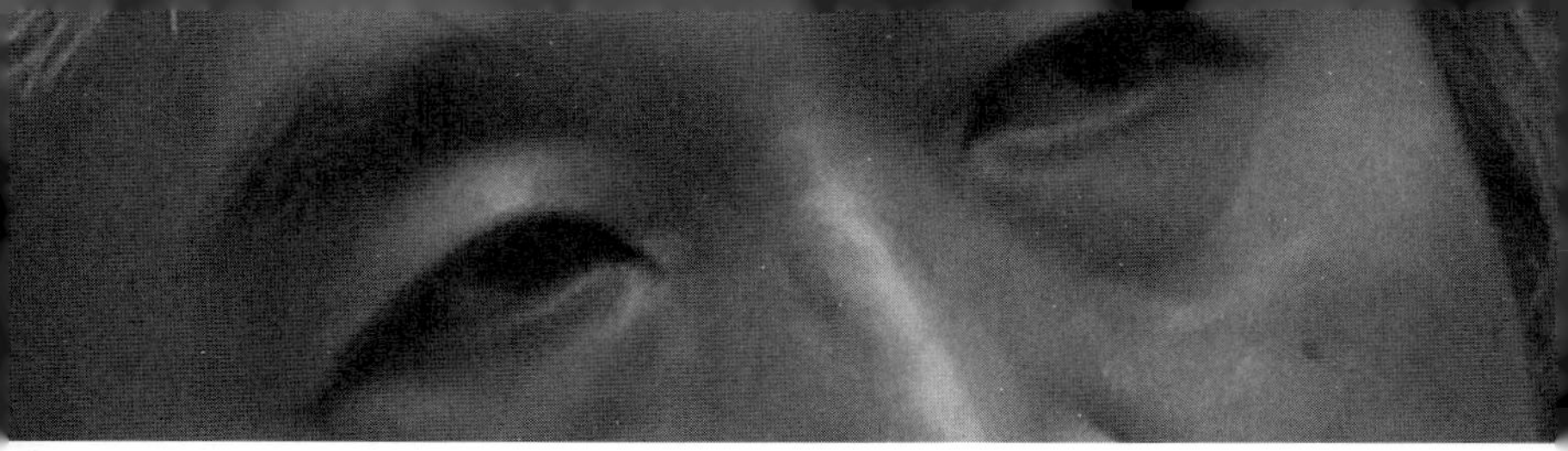

もそれは落とし穴で、人間はどんどん社会性を失う。社会性のために築き上げてきた能力を失っていくわけですよ。そうすると社会的な存在としてはすごく不自然な人間が出来上がる。でも社会自体は壊れないわけですよ。構造物に囲まれ、あるいは情報に囲まれて、その情報に準じて自分が生きるための衣食住を作っていくわけだから。でもそれでいいのかと言うと、人間としての幸福感がどんどん失われていくと思うんですよ。

鎌田　じゃ、先生、どうしたらいいんでしょう。どういうふうな提言を？

山極　触覚や味覚や嗅覚というのをもっと働かせ、相手を思いやるような機会をどんどんつくることだと思うんです。

鎌田　例えばそれは、ネットのスイッチを切るということ？　先生のように携帯をもたないとか？

山極　まぁそれは一つの防御策ではありますけどね（笑）。逆に今はネットのよさもあるんですよ。つまり情報共有や連絡がしやすいから、呼びかけたらすぐ集まる。実際に集まらなければ意味がないんで、そのために使う。距離や時間を考えずに、いろんな提案ができますね。しかもネット社会というのは中心が出来ない、あるいは階層が出来ないという利点をもっているから、互いが参加しやすく抜けやすい。古い人間関係だと、一旦入っちゃうと抜けられないとかね、誰かに紹介されないと参加しにくい、入っていけないとかね、そういうことがあるんだけど、そういう不便さはなくなりました。それをもっと活用して、いろんな人たちが五感を感じ合えるような機会を増やすということがネットを使ってもできるわけですよ。

鎌田　でも実際に会うというのをちゃんと確保しないとダメなんですね？

山極　そうです。

鎌田　それがないとぜんぶが元の木阿弥《もくあみ》になると。

社会中心の経済と二重生活のススメ

山極　いちばん重要なことは、いま経済中心の社会をつくっているわけだけど、逆だと思うんです。社会中心の経済をつくらないといけない。つまり、壊してはいけない社会があるということです。今は経済が右肩上がりでないと社会自体が成り立たないからと脅迫されているんですよ。そうじゃなくて、社会を成り立たせるために、その社会の規模に合わせた経済を考えないといけない。

鎌田　具体的にはどうします？

山極　都市の経済と地方の経済は違いますよ。違っていいじゃないかと思う。養老孟司《ようろうたけし》さんが言ってるんだけど、限界集落は「限界」ではなくて、老人が生きられるすてきな社会だというふうに考え直した方がいいと、そこで都市的な生き方を求めない方がいいと言うんです。その環境やコミュニティに合わせた経済を当てはめていけばいいわけで、そこにおける幸福感というのは、鉄筋アパートに住んで宅配で食料が来て、自分が動かなくていい生活ではなくて、自分の身体を使って互いに触れ合いながら、ちょっとした楽しみを共有して生きる、そういうものでいいわけですよ。それを都市型に当てはめて、やれ不便だという、そんなことは忘れた方がいい、と。

鎌田　なるほど。たしかに養老さんの説は分かるんだけど、実際にはどうでしょうか。現実には経済が優先でブルドーザーのようにすべてを押しつぶしていくから。だからそういう限界集落があっても守れないのではないかと。むしろ守るというか闘わないといけない。ぼくは資本主義の世の中ではね、果てしのない闘いが必要だと思うんですよ。

山極　ぼくはそのためのタクティクスとして、二重生活のススメというのを提案しているんです。つまりね、現在のふるさと納税というのは、いま都市に生活している人がふるさとにお金を出してそこの産品を買うということになっているけど、そうじゃなくて、納税をして実際に権利を手に入れましょう、住民登録をしましょう、と。だから住民登録を二カ所でしていい。自分が働く場所と自分の故郷。

鎌田　あぁ、そういうことですか。

山極　住民登録をしているということは、そこの行政機関に納税をしているということです。職場と故郷と半分ずつ払えばいいことにしたらどうだろう。税金を納めている人たちに対して、市町村はいろんなお知らせをしたり、便宜《べんぎ》をはかる義務を負うわけですね。しかも議員さんを投票で決める権利もできるし、子どもを育てたり行事に参加するのは週末に故郷に帰ってやればいい。いま交通網も利便性が高まって、飛行機も安くなりましたよ。時期にもよりますが、沖縄まで数千円で行ける時代です。だから自分の故郷に週末帰って、あるいは一カ月に一度か二度帰って、何かのお祭りに参加したり、地区でいろんなイベントをやったりできる。故郷にいる時間を会社も認めて、二重生活を成り立たせましょう、と。働く場所と子育てをする場所、あるいは老後楽しみをもつ場所、あるいは地区で共同行事をやる場所を分けて、自分が信頼できる集団やコミュニティへのアイデンティティを作りましょう、というのが二重生活のススメです。ふるさと納税ではそれが解決できない。

鎌田　なるほど。おもしろい考えですね。

山極　そう言ったら、厚生労働省から手紙が来て、これは私たちがずっと提案していることですと言うんですね。地方はお金がない、都会で働く人は故郷とのつながりがほしい。だから両方ハッピーになれます、というんだけど、それは違うだろうと思うんです。お金じゃなくて、人と人とが信頼感をもってつながりあえる仕組みが必要なんですと。さっきぼくが養老さんの言葉を引用して提案したようなことはすぐには成り立たないだろうと思う。でもそれこそが都市と田舎の暮らしというのを、違うけれどもどちらがいい悪いというのでなくて……。

鎌田　両立させる？

山極　両立させる一つの橋渡しになると思うんですよ。そういうことをやっていかなければ地方創生と言っていくらお金を使ったってダメですよ。若者が都市に出てきたいというのは当たり前なんだから。都市に行ってもまた戻ってこられるような筋道を残しておく。それをきちんと制度で下支えするということが必要なわけで、これはかなりドラスティックな考え方ですけど、これをやらないと日本の社会は崩壊する。働く場所での人間関係と幼馴染《おさななじみ》のいる故郷とは違うわけで、異なるコミュニケーションを使い分けなくてはならない。でも、それが心の安らぎにもなるわけですよ。そういうことをやりましょうというのがぼくの提案なんです。

鎌田　例えば、総長を退任されてからそういうことやります？

山極　総長になる前からそういうことをやってますけれどね。

鎌田　ほう。で、どう実際に実現させるんです？

山極　ぼくの故郷というのはアフリカなんですよ。

鎌田　あっ、そういうことですか（笑）。

山極　たとえ短期であってもアフリカには何度も行ったし。

鎌田　分かります、分かります。

山極　一度新聞に書いたことがあるんですが、彼らはそういうことをよく知っていて、ぼくが不在のときはぼくの噂話をするんです。そして、何カ月か何年ぶりでも、行くと昨日までいたように迎えてくれる。あぁ懐かしいなぁなんて絶対に言わない。やぁお前か、みたいな話。ぼくが半年前、一年前に付き合ってた関係がそのまま始まるんです。

鎌田　彼らはちゃんと二重生活を認めてくれているわけですね。

山極　認めてくれている。それは噂話をしているからそういうふうになるんだと思います。ぼくが長い不在の期間をおいて帰ってきたのではなくて、いつもそこにいるかのように噂話をしているというだけの話でね。それはつい最近まで日本の暮らしでもやっていたことなんですよ。例えば昔はちゃぶ台を囲んで食事をしていた。お父さんが出張していても、そこはいつもお父さんが坐っていたところとみんなが言っていたから、子どもたちにとっては、お父さんが帰ってきてもまたお父さんの席にいるだけという話なんですよ。誰かが不在でも日常の生活が乱されることなくきちんと型通りに収まる、そういうシステムを日本ももっていたわけです。それが、単身赴任が長くなり、それぞれ別々の生活を始めるようになって断絶が始まる。

鎌田　そうか、消えちゃったわけですね。

山極　消えましたね。それを制度上復活させましょうという話なんですよ。但しね、ぼくは一九八〇年くらいから今まで、教授になるくらいまで半分はアフリカで過ごしていたわけですよ。そうすると日本にいる時間がすごく短い。

鎌田　時計が早いんですね。

山極　そう。ぼくの記憶では八〇年代はすごく短い。アフリカにも、日本にもぼくの八〇年代があって、二つ合わせれば長いんだけど、それがつながってないんですよ。日本での記憶がそのままつなぎ合わされちゃっているだけ。だから、例えばジュリアナ東京が流行っていたりしても、日本にいなかったから知らないわけですよ。そういうことが時折リバイバルで噂になったりすると、へぇー、そんなこと日本にあったのかと。知らない歌手が登場したりして昔評判だったと聞いても知らないわけですよ。それはぼくにとって歴史の欠落なんです。

鎌田　総長を退任したらまたアフリカ半分をやりたいですか？

山極　いや、分かんないですけどね。もう総長もそろそろやめたいから、アフリカに限らずいろいろ夢をもっているんです（笑）。

鎌田　いやいや、そうおっしゃらずに（笑）。

未来へのヴィジョン

鎌田　次のテーマですが、もうちょっと長期的に、今から五年後、一〇年後にどういう研究をしたいとか、そもそも全く別のことがやりたいとか。それについてはどういうヴィジョンがあるんですか？

山極　分からないですねぇ。ぼくはあまり将来のヴィジョンをつくらない方だから。

鎌田　いつも外から仕事が降ってくるんでしたっけ（笑）。

山極　しかも難しい仕事ばっかり来るんで。

鎌田　もっと難しいのが来るかもしれませんね。（内閣官房参与とか…）

山極　かもしれませんね。でもどんな仕事をやりながらでも、結構自分のやりたいようにやってきたんで。「山極さん、モンキーセンターなんかに行って大変だよね」と言われたけど、みなさんの予想に反して結構自分の好きなことをやりましたし、総長になってからもときどき好きなことをやらしてもらってるんで、ま、それはそれで、自分が環境に適応していくというよりも、環境を自分に適応させているというところですね。

鎌田　なるほど、よく分かります。あと、ぼくらは六〇越えて、加齢というか、フィールドに行っても長時間歩くのしんどくないですか。ぼくも同僚たちもそうですが、だんだん昔のようにはいかなくなりますね。そういうのってどう感じておられます？

山極　ぼくも総長になる二年くらい前からね、アフリカにいるときヒゲを生やしはじめたわけ。日本人って若く見られるんですよ。ぼくは向こうだと四〇くらいに見られるので、もう六〇越えてるのに誰も敬《うやま》ってくれない。見かけはもうよぼよぼの老人がぼくよりずっと若かったりする。それで、少しは敬ってもらおうと白ヒゲを生やして、老人なんだとアピールしはじめた。

鎌田　老人の方がいい？

山極　いいですよ、それは。みんないたわってくれますからね。歳をとっているだけで特別な地位を与えられる。

鎌田　確かにそういう社会はいい社会ですよね。でも、今の日本だと前期高齢者とか言われてわれわれもいずれそっちへ追いやられるじゃないですか。

山極　そうですね。

鎌田　これの対策は？

山極　少子高齢化社会だから、どんどんそうなっていくんじゃないですか。いま老人が金をもっているし、特にベビーブームの第一世代がそうだけど、彼らが七〇近くなってまた威張りだしているから、老人中心の世の中になるかもしれない。日本では彼らが社会を牽引《けんいん》してきたからね。ぼくらはそれに引きずられて生きてきた。あまりそこに反旗を翻すつもりはないし、なるようになれと思ってますけど。高齢者として社会の片隅に追いやられるというような心配はしていない。

鎌田　一方で、ご自身の霊長類学から社会をもう一つ変えてゆきたいとか？

山極　それはもっと大きな視野でね。日本だけではなくて世界全体の問題として、人類がどんな袋小路につきあたるかということをおおよそ気がついたから止めたいと思いますよ。止めるには何をしたらいいのか、それは一つの方法ではとても無理だと思うから、ちょっと発想を変えて別の領域の考えを取り入れようと思っています。サイエンスだけじゃどんどん技術を精密化していくに過ぎないので、ひねくれた発想をして世の中を面白くしようと。

鎌田　何か具体的に案はありますか？

常識を壊すアートな京大

山極　アートな京大を目指して、とやってますでしょ。

鎌田　あぁ、ありますね。

山極　最初、茂山千三郎《せんざぶろう》さんにゴリラ狂言というのをやってもらって、それからセルフ・ポートレートをやっている森村泰昌《やすまさ》さんとか、爆竹《ばくちく》でアートをやっている蔡國強《さいこつきょう》さんを呼んだり。二〇一六年の三月は坂口恭平《きょうへい》さんを呼んで、どうやって日本に独立国をつくったのか話をしてもらった。とにかく常識を壊していこう、今までとは違う発想、違う世の中の見方、違う人間の見方があるんだということを示して、新しい生き方を見つけていこうということですね。

鎌田　そういうときは、芸術家はめっぽう強いですよね。なぜか芸術家というのは今じゃなくていつも先を見ているというか……。

山極　先とは言わないですが、ひねくれてますね。常に常識を壊すという発想ですね。

鎌田　そう、すぐに壊しますね、マルセル・デュシャンみたいにとにかく壊すことから新しく生み出す。

山極　常識を疑うということはわれわれ科学をやる者も同根だと思っているのですがね。

鎌田　同根とはいい言葉ですね。先ほど言った地球科学黄昏論も、昔のを一回壊さないと新しい地球科学が生まれないんじゃないかという危機感があるからです。ぼくはここでサイエンスよりも自由なアートの感覚で発言してみたんですね。

山極　ただサイエンスはエビデンスが必要だけれども、アートの発想にはエビデンスは必要ないので、もっと大胆なことができる。

鎌田　そう、そのとおり。だからぼくはサイエンティストとして冷静に地球科学の現状を観察し、アーティストとしてより自由度を持って破壊から創造を考えているんです。例えば、京都市立芸術大学と統合とかいう話は起きないんですか？

山極　いや、学長の鷲田清一《わしだきよかず》さんとは仲がいいし、いろいろ話はしています。でも統合なんて思っていませんよ。いろいろ連携はしたい。京都大学に芸術学部をつくりたいという気持ちはあります。だから土佐尚子《とさなおこ》さんや吉岡洋《ひろし》さんたちと「京大おもろトーク」を立ち上げて、アートに関心のある研究者がどのくらいいるのか、どんな考えをしているのかをこの二年間見てきたわけですけど、ぼくは基本的にトップダウンはやりたくないんですよ。ボトムアップで、そういうことをやりたいという学生や教員が出てくれれば何とかしましょうよ、と呼びかけてその仕組みを作るのがぼくの仕事です。

京大食文化講座

鎌田　先生、芸術学部とともに京大にね、家政学というか食文化の講座とか作りませんか？

山極　ぼくが残念なのは、昔から好きだった伏木亨《ふしきとおる》さんが前総長のときに龍谷《りゅうこく》大学に移っちゃったこと。

鎌田　農学部の伏木さんね。

山極　ぼくは昔から付き合っていて、一緒に本も出しました。食という現場を新しい考えで変えるという点に関しては、彼の功績はすごく大きかったと思いますよ。

鎌田　もし食文化講座ができたら、総長も一コマ担当して、霊長類学者として食文化を講義するのはどうですか。それは是非聞いてみたい。

山極　ぼくは食については関心があって、味の素の食の文化フォーラムにも参加してきました。

鎌田　どんなことをやってるんですか。何を喋ってます？

山極　食の文化についてありとあらゆることをやっていますよ。もともと石毛直道さんたちが作った会です。石毛さんは世界の食について調べていて、伏木さんを引き込んで、食という概念をもうちょっと解体してやろうという話でね。面白いと思いますね。

食育と食卓の戦争

山極　一時、小学生とか中学生への食育というのが流行ったでしょ。

鎌田　ありましたね。

山極　それにもぼくは参加したことがあって、ぼくが考えていることは日本がやっている食育というのとは違うと感じた。人間の食育というのは食卓のマナーから始まるものであって、それはサルから見れば食卓の戦争という状態から人間の平和な食事にいたる修行だと思うんです。

鎌田　食卓の戦争、第5講の最後でも出ましたね。

山極　その基本となる話を内閣府の本（「親子のための食育読本」内閣府食育推進室、二〇一〇年）に書いたことがあるんですが、すごく認識が間違っていると思うんですね。食育と言うのは、人間の生理の進化史を基にしなければいけないんです。食に関する下《しも》のしつけというのが日本ではありますが、下のしつけといったら、おしめが取れるようになることなんですね。これは人間の子どもがサルとして生まれてくるから起こる現象なんです。肉食動物の子どもだったらおしめはいらないです。猫は砂場を与えてやれば、そこで決まったように排泄《はいせつ》するようになる。教える必要はあまりない。なぜ人間の子どもはおしめをしなくちゃならないか。サルはみんなおしめをしないと、場所をわきまえずに排泄してしまう。なぜかというと、サルは何百万年間も植物と共生してきたから、植物の種子散布に適した排便をするようになっているので、場所をわきまえないわけです。植物にとったら、発芽条件のいい場所に何回も排便してもらった方が子孫を残せるわけですから。

鎌田　なるほど。

山極　だからゴリラでもサルでも一日に一〇回以上の排便をするわけです。

鎌田　植物の種をまくためにね。

山極　それが普通なんです。ところが人間が定住生活をするようになって、決まった場所で排便をするようになった。農耕生活を始めてからたかだか一万数千年しか経っていないので、排便のコントロールが進化として人間の身体に定着するには短かすぎる。だから人間の子どもはまだまだサルの生理的性質をもって生まれてくる。

鎌田　そういう論理になるわけですね。

山極　人間の子どもが時間や場所を問わず便意を催《もよお》すというのは当たり前なんです。だからサルの身体から人間の身体にしなくちゃいけない。それが下のしつけです。それは人間が定住生活をするために必要不可欠のことで、でもしつけには時間がかかるわけ。なかなかそういう身体にはならないわけですよ。その鍛錬《たんれん》をする必要がある。でも人間がもう一つ忘れているのは、上《うえ》のしつけなんです。下のしつけは出る方でしょ。上のしつけは入る方です。入るところで選別をして、他人の意向を斟酌《しんしゃく》しながら自分の食欲を抑制するという、それがさっき言った食卓の戦争なんですね。それを忘れている。食育というのは実は両方やらないといけないんだという話なんです。

鎌田　なるほど。闘う相手だからこそマナーが必要なんですね。

山極　というか、食卓を楽しいものとするためにね。特に子どもにとって食卓は闘いなんです。

鎌田　そうだそうだ。

山極　われわれにとっては常識ですよ。お鍋が出て、ぐつぐつ煮えだしたら、互いにおいしそうな具をとってあげたりね。これは実は企業の実践にも及んでいて、堀場製作所の堀場厚《あつし》さんは鍋を社員の交流に取り入れているそうです。フランスとかドイツで会社を統合しますよね。全く日本の企業で働いたことのない社員をもつときに、鍋交流をやるそうです。鍋を囲んでみんなで話し合う。酒を飲んだり食事をしながら腹を割って話し合える。それは食物を分け合うということでやるのがいちばんだというんです。鍋を囲むというのは日本的発想で、そんなことヨーロッパではやらないから、これは功《こう》を奏《そう》したらしい。

鎌田　学生でも鍋奉行《なべぶぎよう》をやるやつは出世しますよね。あれはとても大事なことですよ。しっかりタイミングをはかってね。火加減とか、具材の量とか、上下の序列があるから誰から配るかとか、ちゃんと考えてやれるのは必ず出世する。

山極　それから新入社員が初めてやるのが花見の席の手配ね。あれも食育ですね。どの場所で、どういう空間で、どういう順序でというのが新入社員に任されるでしょ。これは外注したらいけないんですよ。絶対身内で仕切らないといけない。それはハザードを防ぐシステムにつながるわけですから。

鎌田　ハザードを防ぐ、いい言葉ですね。

山極　人間関係のハザードほど恐ろしいものはないんですよ。いま若い人たちの間で不安が広がっているのは、誰を信用していいか分からないということなんですよ。こいつは表面的にはおとなしくしているけど、裏で自分を裏切っているかもしれない、何をしているか分からないという不安なんです。それが花見の席とか酒を飲む席では一元化できるんです。本性を見ることが重要で、結局のところよく分からないかもしれないけど、分かったという思い込みが重要なんですよ。何の証拠も保証もないけど、こいつはこういう人間だなという直観がひらめく。この思い込みが信頼をつくる。だって人間ほど分からないものはないでしょ。分かったという気持ちにさせる仕組みが必要なんですよ。

鎌田　総長、理事を呼んで花見の席はどうです？

山極　ぼくは半年に一遍、一年に二回理事と飲み会をやってるんです。

鎌田　あ、もうやってらっしゃるんだ。

山極　飲んで、とにかく言いたいことを言う。

鎌田　へぇー。

味覚と平和

山極　ぼくね、第5講のところでは言わなかったんだけど、味覚という感覚自体はすごく怪しいものだと思ってるんです。

鎌田　視覚は騙《だま》されるという話がありましたね。味覚も騙される？

山極　というかね、視覚は共同で確かめることができるんです。聴覚もそう。何が見えたの、聞こえたの？と。嗅覚は怪しい。味覚も怪しい。嗅覚と味覚はもともと一緒だったんです。化学的な反応ですから、共通部分がある。なぜ進化したかというと、危険な物や食物を感知するためです。でも今われわれが使っているのは、おいしい匂い、いい匂いや味の方なんです。

鎌田　なるほどね。

山極　これは進化的な意義はあまりないんです。毒や危険なものは避けられないと死んでしまうけれど、いい匂いや味でなくても死ぬほど危険ではない。ではなぜそれが使われるようになったのか。レストランの三ツ星とか五ツ星とかじゃないけど、なぜ誰もがそれをおいしいと思うようになったのか。それは情報に依存するようになったからです。ホモ・インフォマティクスと言って、つまり人間は情報を食べる動物なんです。情報によって、おいしいと思って食べている。だけどそれだけでは解決できない問題があるわけです。他人がいくらうまい、うまいと言ったって、本人がまずいと言ったらダメで、実際そういうことを言いがちな天邪鬼《あまのじゃく》はいる。

それに例えば、おふくろの味といっても、それは誰も特定できませんよね。誰にでも通用するスタンダードは出来ないわけですよ。それをエビデンス・ベースで確かめることはできない。おいしい料理屋がいつもおいしい料理をつくっているかというと、結構ヴァリエーションがあったりもする。

一体人間の味覚感覚というのは何なんだということですね。これはすごく奇妙なことで、誰かがあそこの店はうまいんだよと言うので一緒に行って食べて、ほとんど外れないですよね。しかも、おいしい食事というのは人間関係を作る上でも重要です。みんなおいしいと満足して、そこですごく話がはずんでいい関係が出来たりする。にもかかわらず、われわれはそのエビデンスをもってない。

鎌田　確かに、ミシュランにもいっぱいクレームがついているらしいですね。

山極　ぼくはね、食べること飲むことの質を高めるためには芸術的要素を使う必要があると思う。しかもエビデンス・ベースじゃなくて、驚きをもって迎えられる新しい感性の組み合わせなんですよ。そこで相互了解を得られなければ一緒に驚けないわけでしょ。

鎌田　おぉー、うまい！　みたいに盛り上がらないとね。

山極　子どもたちの食卓の戦争じゃないけど、人間の大人の食事には初めから平和の合意というものが担保《たんぽ》されているんです。食卓に向かうというのは、サルから見るとバカみたいな話ですよ。お互い争わなくちゃいけないものを前にして、なぜ初めから親しげな会話をするのか、と（笑）。

鎌田　本来奪い合うものからするとね。

山極　でも人間の視点からすると、忘れているかもしれないけど、初めから平和ということを担保している態度、姿勢なんだということですね。われわれは食卓に向かい合った途端に、これは平和を前提にやっているんだということをア・プリオリに知るわけです。それは、外から見ても分かるんです。前に言ったことがあるんだけど、小泉（純一郎）首相が北朝鮮に行ってキム・ジョンイルに会ったとき、握手をしました、対話をしました、しかし食事は一緒にしてないんですよ。

鎌田　ふーん。

山極　これは平和には程遠いなというのが誰にも分かる。誰もそのことは言わなかったけれど、ぼくらは国の首脳が一緒に食事をしているという事実を知るだけで、これは違う局面に達したなと知ることができるんです。

鎌田　天皇陛下は必ず宮中晩餐会《きゅうちゅうばんさんかい》を開きますよね。

山極　そうですねぇ。

鎌田　一緒に飯を食うというのは大事なことですね。

山極　大きいです。ものすごく大きい。

ボトムアップ！

鎌田　いやぁ、やっぱり京大にほしいですね、食文化も芸術も。今から学部立ち上げは大変？

山極　学部は大変です。教育が入りますからね。研究だけではすまない。アドミッション、カリキュラム、ディプロマとポリシーが三つも要る。まずは寄付講座か何か小さい組織を立ち上げて、別の組織と統合するのかな。完全に新設するのは難しい。

鎌田　先ほども話に出ました芸大統合ですが、やっぱり今からでも無理ですか？

山極　無理ではないかもしれないけど、やっぱり芸大は京都市が手放さないでしょ。

鎌田　そういうことですか。東大は東京芸大に断られたと聞いたんですけど（笑）。

山極　東京芸大は国立だから、まだ可能性はあったかもしれないけどね。
鎌田　芸術家集団の芸大の方が嫌だと言ったとか。
山極　大阪大学が大阪外国語大学を統合したのもいまだに尾を引いてますからね。伝統が違う。試験のやり方も講義のやり方も違う。教員がそれぞれの伝統にすごく固執すると聞きました。
鎌田　統合よりもつくった方が早い。
山極　それはそうですよ。統合というのは金銭的な面とか施設とかを考えると楽かもしれないけど、かなり手荒なことが必要だからね。
鎌田　でも手荒なの、得意じゃありませんでしたっけ。
山極　ぼくは全然違いますよ（笑）。なるようになれ、なるようになる方向性をつくるのがぼくのやり方で。
鎌田　そうでした。誰かに入れ知恵して、降ってきたかのごとく振舞って、どういうわけか山極総長の時代に出来ちゃったとか……。
山極　いやいや、そんなにぼくは策略家ではないですよ（笑）。ただ、みんなにいろんな意見を言ってほしいわけですよね。その中でまとまるものは大きな力にしていきたい、つくっていきたい、でももともと無理な話は、やっぱりどこかで方向性を変えなくちゃいけない。そのいろんな声に耳を傾けて、これは出来そうだなというのを考えていきたいのがぼくの本音です。
　よく言われるんだけどね、山極さん、将来の方針出してくださいよ、と。ぼく自身にそんなに輝かしい方針があるわけじゃない。でも今の国の動きと、府や市の動きと、そして京都大学の中にいる教員たちが何を見ているのかということを、幸いにも見渡せる場所にいるので、そのバランスをはかりながら、あぁこれだったら出来そうだな、というものを見つけていく。ぼく自身がこうしなきゃいけないという方針があるわけではないんですが、こうしたらいいんじゃないのという方針はある。それを大学の今の教員や学生に合わせせられるか、ですね。

鎌田　やっぱりボトムアップですか、基本的には。

山極　ずっとそうです、ぼくは。トップダウン大嫌いだから。ボトムが声を出さなければ何もできない。

鎌田　そうそう。今ちょっとボトムがさみしいんですよね。

山極　だからいろいろね、刺激しているんですよ。何か言え、何か言えって。声を出してくれないと始まらないでしょ。

鎌田　本当にそうですね。

個人の歴史が大事

山極　今日話をしていて気になったのは、ぼくらは小さいころ伝記というものをよく読んだけど、あれはどこかで廃《すた》れたんですよ。いつからかみんな伝記を読まなくなった。キュリー夫人とかシュヴァイツァーとか、それはいま思い出すと、人の一生涯をかけた物語だったわけですよね、ある業績のことだけじゃなくて、人間の物語だった。現代はそれが受けなくなった時代なんです。ぼくらが小さい頃は、どういうふうに生きるか、生き方を学ぶための資料はいっぱいあったんだけど、いつ頃からか、生き方を学ぶ必要はないという時代になった。しかし今また、生き方がほしい、という時代になってきたんじゃないでしょうか。どうやって生きたらいいか分からないから。今日ぼくは鎌田先生と自分の人生をいろいろ話してみて、それはまさに昔の伝記みたいなものだな、と。後ろを振り返ると、いろんなことがつながって見えて一つの物語になる。

鎌田　それはすごく大事ですよね。ただある時代から、歴史学が科学と称して細部偏重になってつまらなくなった。「個人が歴史をつくったわけではない」とか言って、いわゆる構造的な史観になったわけですよ。だから読んでいて全然面白くない。やっぱり豊臣秀吉とか個人が歴史をつくった部分も大いにあるのに、そんなのは歴史の下部構造だと言われちゃってね。

山極　いま個人の生き方が注目を浴びはじめたのは、やっぱり個人にいろんなことが任されるようになってきたからですよ。自己責任、自己実現。個人として生きた証拠を求められるようになった。歴史を振り返ると個人は歴史に埋没しているわけだけど、全く歴史に追随《ついずい》して生きているのではなくて、その中であがきながら自分の道を模索してきたんですね。それが時代の流れが速ければ速いほど個人は逆に浮かび上がってくる。歴史の流れに合わせて個人が作られてきたのではない、という事実を今の人間が利用したくなったのじゃないかな。つまり未来が見えなくなったから、逆に個人の歴史をね。しかも集団の歴史、国の歴史というのは何の意味ももたなくなった。これは参照しても何の教訓にもならない。むしろ個人の生き方の方にヒントがあると。

鎌田　ＡＩにはできないですね、個人の歴史はね。

山極　それは予測する結果ではなくて、後から振り返る結果だと。ＡＩにはそういうのはないと思いますね。個別の歴史、繰り返しのきかないものをつくるのは個々の人間ですよ。

鎌田　その個人に隠れた才能を見つけるのがわれわれの仕事ですよね。だからＡＩが世を席巻《せっけん》しても京大はビクともしない（笑）。

講義レポート

生物学は自然科学の中でも二〇世紀に大きく発展した分野である。本書はその中でもマクロ生物学を取り扱ったもので、我が国で独自に展開したいわゆる「京大サル学」の伝統を引き継いだ第一線の研究者の物語である。近年、動物行動学や社会生物学などが読書界の話題に上ることが多くなってきた。

山極寿一博士は霊長類学の最先端科学と人類の暮らし方への提言を縦横《じゅうおう》無尽《むじん》に語ってくださり、地球科学を専門としてきた私自身の知的好奇心が非常に刺激された。ここには他分野の研究者と語り合うという得がたい経験が存在したのだが、今回それらを文字に残すことができ大きな満足感をいだいている。

とりわけ私は、日本人がこの学問を推し進める大切さを感じた。その最大のポイントは、日本の学問は西欧へのキャッチアップではなく、こういう研究をすべきだという具体的な方向性が得られたことが収穫だった。例えば、京大サル学のパイオニアだった今西錦司教授や、その弟子で日本の民族学発展に寄与した梅棹忠夫教授の仕事は、どちらかと言えば西洋を必要以上に意識した学問であった。

それに対して、「山極ゴリラ学」が打ち立てようとしているのは、西欧流の要素解析ではなく「全体論」としての生物学なのだ。

さらに霊長類学の達成が人間社会へポジティブな提言を行うことが、基礎科学による社会貢献の一例として意識されている。私のイメージとしては米国の文化人類学者グレゴリー・ベイトソンの統合学を目指しているように感じている。ここでは、マクロ生物学の中で重要な貢献をしてきたにもかかわらずマイノリティーだった若い頃の日高敏隆教授への高評価も、関連するのではないかと思う。

例えば、第2講や第4講では新しい学問の方向性が具体的に示される。山極先生には「西洋で始まった学問を今頃日本で追いかけてどうするのだ」という考えがいつも底流にあるのだ。ここでは、サイエンスの文脈でオリジナリティーを常に追究する姿勢と、「関係性の中で自然現象を観察する」技術がバランス良く同居している。

長いあいだ日本人の研究は対象を換えこそすれ、その方法論はいつまでたっても西洋の借り物であった。ここから変えたいというのが山極ゴリラ学であり、それと同じ構造で私は野口晴哉《はるちか》という日本でもユニークな身体論の思想家を着目している（拙著『座右の古典』東洋経済新報社、二〇一〇年を参照）。野口の著作は、人間はどのような「姿勢」で動けばよいかということを教えてくれるが、今回の講義は私にとって人類から霊長類へ範囲を広げて、どのように体を使えばよいかを学ぶ貴重な機会だった。

地球科学の視座を加える

もう一つ、読者に伝えておきたい重要な事実がある。霊長類学のベースには地球環境の変化があるが、地球の歴史から講義内容を補足しておきたい。すなわち、サル学に地球科学の視座を入れると、少し異なる世界が見えてくるからだ。私が京大でも学生たちに常々語っている「全体を俯瞰《ふかん》する構造主義的視点」によって解説を加えてみよう。

地球の歴史は四六億年の長きにわたっているが、その終盤で人類が誕生した。それは今から約七百万年前のことで、ここから我々の関心は一気に高まるとも言えよう。そして二〇万年前になると現在地球上に生きている人類を意味するホモ・サピエンスが生まれた。

ここから地球の歴史は生物との関係性をキー概念に用いて読み解くと理解しやすい。一言で言えば、地球の歴史は地球環境と生物との「共進化」のプロセスにある。地球誕生以来四六億年の歴史では、生物が環境を大きく変えてしまった例がいくつもあるからだ。

たとえば、今から三〇億年前ころに棲息していたシアノバクテリアと呼ばれる原始的な生物がつくるストロマトライトがそうだ。これは、かつてはラン藻と呼ばれていた原始生物の集合体が作る岩石で、現在でもこの子孫がオーストラリア沿岸など美しい南の海に生息している。現在の大気に酸素が二割ほど含まれているのは、ストロマトライトのおかげなのだ。大気の半分以上を占めていた二酸化炭素を、光合成によって酸素に変えていったからである（拙著『地球の歴史』中公新書、二〇一六年を参照）。

地球ができた四六億年前から数億年ほどのあいだ、原始の大気は水蒸気と二酸化炭素からできていた。その後、海中にいたシアノバクテリアが光合成を始め、約二五億年前には縞状《しまじょう》鉄鉱層と呼ばれる地層ができた。これは酸化鉄と泥が細かい縞模様をつくる堆積物で、地球上で酸素が増えてきた証拠とされる。

実際、地球上の大気は数十億年もかけて徐々に成分が変化していったのである。酸素は現在の地球上のほとんどの生物にとって、なくてはならないものだ。しかし、酸素があると生きてゆけない嫌気《けんき》性の生物にとっては、大気中の酸素の増加は地球上の最大の「環境汚染」であっただろう。このように見方を変えて理解することも、地球と生物の関係を考える際に必要な視座なのである。

ここで宇宙を見回してみると、地球は稀にみる環境の安定した星であることが分かる。地球が外部から変化を受けた時には、常に元に戻そうとする力が働いてきた。例えば、地球上に深い海と厚い大気層があることは、環境を元に戻すための大きな源となっている。ここでは熱しにくく冷めにくい水が重要な役割を果たしている。すなわち、大量の水が海洋と大気を循環することで、地表の温度を一定の範囲に保てるようになった。これは同じく太陽系の惑星であり地球の隣にある火星と金星では実現できなかったことである。

では、霊長類をはじめとして生物そのものが地球の復元力を破壊するほど大きな力を持つかというと、そうではない。自分たちの居住環境を破壊する程度の力はあるが、地球環境そのものを大きく改変する力は持ち得ない。もし、人類を含めて霊長類が良くも悪くも地球環境を変えていくとしたら、ストロマトライトのように途方もない長い時間をかけて初めて可能となる。一方で、それまで人類という種が絶滅せずにいるかどうか、はなはだ怪しいところだ。

ストロマトライトは地球上で「環境汚染」を起こした後も、何十億年もすでに悠々と生き延びてきた。それは構造の単純な生物だったからに他ならない。三八億年も続いてきた生物の歴史を扱う際には、何百万年スケールという大きな時間軸が必要である。本書を読む際には、こうした「長尺《ちょうじゃく》の目」も使っていただきたい（拙著『マグマの地球科学』中公新書、二〇〇八年を参照）。

人類誕生と気候変動

次に、本書で語られた霊長類学を我々の日常感覚にも身近なものとするために、人類の誕生と環境変化に関する説明を加えておこう。人類は哺乳類の中では霊長類に属している。この哺乳類が大きなニッチを占めるようになった「新生代」は人類の時代でもあり、地球環境が大きく変動した時期でもある。地球上のすべての生物は気候との関わり方によって絶滅と進化を繰り返してきた。同様に人類を含めて霊長類も誕生初期から経験した気候変動とその後の安定化が、種の生存に大きく影響を与えたのである。

最古の霊長類は、今から約六千万年前の地層に含まれるネズミほどの大きさの小型化石として見つかっている。人類は猿から進化したが二千万年以上も前に盛えた類人猿をその起源にもつ。猿の中でも人類と特に近縁なグループは大型類人猿と呼ばれている。その後、類人猿の中間的な性質をもつ共通祖祖先の時期を経て、七百万年ほど前に人類が誕生した。

そのきっかけは八百万年くらい前に起きた全地球規模の急激な乾燥化だった。この環境変化に順応し、うまく適応したものが人類になったのである。これが起きたのはアフリカの大地溝帯と考えられている。アフリカ大陸では標高一千メートルを越す山地が、エチオピアから南アフリカまで南北に縦断する「東アフリカ地溝帯」に沿って存在する。ここは断層活動と火山活動の盛んな変動地帯でもある。

東アフリカ地溝帯は二千万年前に誕生し、八百万年ほど前から造山運動が盛んになり山地が連なるようになった。その結果、西にある大西洋からやってくる水蒸気を含んだ空気が、この山地にぶつかり雨を降らすようになった。そして山地の東側では、乾燥化が進んだのである。

ちなみに、山地の西側では大西洋からもたらされる降雨により、現在でも広大な熱帯雨林のジャングルがあり、チンパンジーやゴリラなどの大型類人猿が生息している。一方、東アフリカ地溝帯の東側には乾燥した熱帯サバンナが広がっており、大型類人猿は生息していない。そして人類の祖先と見られる猿人と原人の化石はすべて大地溝帯とその東側にある熱帯サバンナから発見されているのである。

さて、八百万年前から、鬱蒼とした森林は次第に草原に変化していった。熱帯雨林のジャングルに豊富にある果実を採取して樹上生活をしていた類人猿は、森の縮小によって樹木から降りざるをえず、草原での生活を強いられた。植物生産性の高いジャングル内は食糧の宝庫であったが、草原では広範囲に食物を求めて動かなければならない。草原への進出は、すでに直立して歩き始めていた人類の祖先にとって類人猿とは違う暮らしを始めるきっかけとなったと考えられている。

森の中に残っていた人類の祖先は死に絶え、二足歩行を獲得した人類の祖先は草原で新しい生活の場を開拓していった。こうして人類は一八〇万年ほど前には世界各地へすみかを拡大していったのである。

東アフリカ地溝帯の東側で人類が誕生したというこの仮説は、フランスの自然人類学者コパンによって「イーストサイド物語」と名づけられた。ミュージカルの古典「ウエスト・サイド・ストーリー」のもじりであり、一気に広まった（後に、この説には否定的な見解も出されている）。アフリカで見つかった人類は、初期の「猿人」と呼ばれる種類である。直立二足歩行という特徴を持つ猿人は、数百万年にわたってアフリカ大陸で暮らしていた。

猿人・原人・旧人・新人・ヒト

ここから猿人・原人・旧人・新人・ヒトなど、人類学の用語がたくさん現れるので、最初に解説しておこう。人類の進化を一言で説明すると、猿人→原人→旧人→新人という段階をたどり何百万年もかけて進化を遂げてきた。

一方、厳密に言うと、この通りに直線的に進化してきたのではなく、途中では現世の人類に繋がらずに絶滅した種が数多く存在している。まず、猿人・原人・旧人・新人に対する区分は以下の通りである。

猿人とは七百万年前~二百万年前頃に出現した。完全な直立の二足歩行を行っており、脳の容量は五百cc程度のゴリラ並みであった。猿人は類人猿と原人の間に位置する、最も原初的な人類である。

猿人の代表的な化石は、アウストラロピテクス・アファレンシスである。身長は一四〇~一五〇センチメートルくらいと小柄だった。別名「ルーシー」として知られる人類直接の祖先である。きわめて原始的な石器を使っていた痕跡がある。

また、四四〇万年前の化石として見つかったラミダス猿人は、直立二足歩行を獲得し、類人猿の祖先と別れて森を出た。その後、何種類もの猿人が乾燥した草原に生える根や茎などをすりつぶして食べていた。彼らが持つ臼歯《きゅうし》は大きく、歯のエナメル質も厚くなっていた。また、果実、昆虫、肉食動物の食べ残した獲物の肉などを食べる雑食型の猿人もいた。

次に、二百万年ほど前に、猿人から進化した「原人」が、初めてアフリカの外へ出て、ユーラシア大陸へ広がった。原人の最大の特徴は、道具を使い、肉や動物性の食物を多くとっていたことにある。脳の容量は六百~一千ccほどになり、長い足を持つという猿人とは異なる特徴があった。

代表的な化石として、二百万年前のホモ・ハビリス、また一八〇万年前のホモ・エレクトスなどがある。ホモ・ハビリスは石器を使ったことが分かっている。また、ホモ・エレクトスは、ジャワ原人や北京原人と呼ばれる種類である。現代人並みの体格を持ち、身長一六〇~一八〇センチメートルとかなり大型になっていた。なお、ジャワ原人はアフリカを出てアジアまで広がった最初の人類である。

さらに、北京原人には火を使った痕跡がある。

その後、五〇万年くらい前になると、さらに進化した人類が出現した。例えば、ネアンデルタール人と呼ばれる「旧人」や、小型のフローレス原人が現れた。この時期は世界各地で人類が多様化したが、他の大陸へ移動する能力はなかった。すなわち、大洋を渡って寒冷地まで居住地を拡大するには至らなかったのである。

旧人の脳の容量は一三〇〇ccほどだった。代表的な化石として、三〇万年前にいたネアンデルタール人がある。彼らの居住域には葬式跡があることから、死者を埋葬する文化があったと考えられている。さらに、遺跡には草花の花粉が見つかることから、花を添えた説もある。脳の容量が一八〇〇ccに達する化石もあり現世人類より大きい脳を持っていた。

最後に、二〇万年ほど前のアフリカ地溝帯で、旧人から進化した「新人」が登場した。新人はホモ・サピエンスと呼ばれており、脳の容量は一五〇〇ccほどであった。細胞に含まれるミトコンドリアのDNA分析から、現生人類につながることが確認されている。すなわち、現生人類のDNAを使って祖先の誕生時期を推定した結果、現生人類の最初の祖先はアフリカで誕生したことが分かったのである。

その後、一〇万年前~五万年前ころには、ホモ・サピエンスのいくつかの集団がアフリカの外へと移動を開始した。現在、ゴリラ、チンパンジー、オランウータンなどは、アフリカや東南アジアの熱帯雨林など限られた地域に生息している。しかし、アフリカで出現した人類は、世界中のほとんどの陸地に居住するようになり、今では世界人口は七〇億人を超えた。

生物研究の目標

霊長類学も含めて地球上の生物研究の目標を一言で表すと、「我々はどこから来て、我々は何者で、我々は将来どこへ行くのか?」に回答を与えること、となるだろう。これはフランス印象派の画家ポール・ゴーギャンが一八九七~九八年に描いた大作絵画のタイトルで、地球科学者お気に入りの名文句でもある。この三項目を明らかにするため、私たち地球科学者は四六億年にわたる地球の歴史をくわしく精査してきた。

一方、複雑系の一部でもある地球を理解するため、数学や物理学のように地球に取り組もうとしても、壁にぶつかることが多い。例えば、地球環境問題は現代社会の喫緊の課題だが、全体を把握するのは容易ではない。様々な現象が複雑に絡み合うため、何が本質なのか学者でさえ見当がつかないことも多い。

こうした中で、地球をまるごと捉え、全体を一つの「システム」として理解する発想が生まれた。ここでシステムとは「複数の構成要素からなり、それぞれが相互作用する系」のことである。まず地球を太陽系の一惑星という視座で把握するのだ。

そのポイントは、個別ではなく全体を一つのシステムとして取り扱う点である。というのは、地球にまつわる諸現象は、それぞれの構成要素を単純に足し合わせれば理解できるものではないからだ。

マクロにシステムとして見る視座、すなわち科学的ホーリズム（holism）が重要なのである。

実は、これは我々にもお馴染みの科学的手法と些《いささ》か異なるのである。今から四百年ほど前にフランスの哲学者ルネ・デカルトは、対象を細かく切り刻んでミクロに分析する方法を提案し、近代科学の基礎を作った。これは「要素還元主義」と呼ばれ、その後の自然科学を飛躍的に発展させた。

ところが、この手法は地球上で生起してきた複雑な現象の解析には不向きだった。一九世紀以降、要素還元主義によって他の科学がめざましい成果を上げるのを尻目に、地質学を主流とする当時の地球科学は大きく後れを取った。

二〇世紀に入って地球科学は大きく進展する。対象を細分化する物理学や化学を地球研究の手法に取り入れ、「プレート・テクトニクス」として結実した。すなわち、細分化ではなく統合化によって「地球科学の革命」がもたらされたのである（拙著『地学のツボ』ちくまプリマー新書、二〇〇九年を参照）。

その後の地球科学は、生物学・数学はもとより、古文書を解読する歴史学や経済学まであらゆる学問を動員しながら解析を行うようになった。こうして現代の地球科学は「全体論」の学問となり、マクロにシステムとして見る「地球科学的な」視座が様々な分野で注目されるようになった。本書のメインテーマであるマクロ生物学も、こうした全体論の手法で進展した学問である。

自然科学の意味

さて、最後に科学の歴史とその「構造」について考えておこう。霊長類学も地球科学も科学の枠組みで組み立てられているが、いずれも一七世紀にヨーロッパで始まった近代科学の成立にルーツがある。一般に「科学革命」と呼ばれるものだが、代表的なものとしては、先に述べたデカルトが精神と物質とを分離して自然科学を誕生させたこと、英国の哲学者フランシス・ベーコンが自然支配の理念を確立したこと、などが挙げられる。

こうした手法によって近代科学は、一八世紀後半から始まる「産業革命」とも結びついて社会に大きな影響力を与えた。その後、資本主義の発展から二〇世紀の科学技術の爆発的な進展へとつながり、インターネットを用いた現代の「情報・環境革命」まで突き進んでいったのである。

実は、科学革命以後の地球環境は地球上の生物にとって都合の良いものではなかった。一七〜一八世紀の「小氷期」のように、飢饉と疫病の発生に悩まされた時代もあったからだ。一方で、このような自然環境の悪化に隷属するのではなく、科学の力で克服し乗り越える方法論が模索された。

例えば、ベーコンが「知識は力なり」と説き、経験主義による科学の基盤を作ったのも、地球環境が「冬の時代」だったからこそである。こうした背景から、人間は自然を支配して利用する権利を神から与えられた、という考え方がヨーロッパで広まっていった。この発想は生物学と地球科学を問わず全学問に共通する「通奏低音《つうそうていおん》」として流れていた。

これまでは一地域で環境の異変が起こっても、霊長類の多くは別の地域へ移動すれば生き延びることが可能だった。これが種の拡散を生み出したというプラスの側面もあったのである。ところが、現代の環境異変はグローバル規模で起きており、「宇宙船地球号」という閉じた空間ではもはや逃げ場が全くない。地球科学の最先端にいる科学者たちは、新しい視座で地球環境と生物の関係性について多角的に研究を始めている（拙著『地学ノススメ』講談社ブルーバックス、二〇一七年を参照）。

今回の講義は、ゴリラなど霊長類を通じて人間と自然の関係を考えるきっかけを私に与えてくれた。自然との共存ということが決して容易ではないことを知るとともに、威圧的になったり、反対に受身になって極度に恐れたりしてはならないことを教えてくれたのである。知的生物の最高峰に位置する人類は、他の霊長類たちが行ってきた「生物の戦略」を学びつつ、さらに知恵を絞ってゆく必要があるのではないか。それが講義を通じて私の頭の中をずっと駆け巡っていた思いである。

鎌田浩毅

あとがき

自分の人生を振り返るなんてあまりするもんじゃない。逃がしてしまった機会や可能性、それに恥ずかしい思い出がたくさん詰まっているからだ。そんなこと、得々として語れるわけがない。本書は鎌田浩毅さんという類まれなる聞き手によって、私がついつい興に乗ってしゃべってしまった記録である。それは、鎌田さんのつっこみが巧妙だったせいであるが、何より彼の生き方や考え方に自分と似たものを感じたからである。

その一つは、東京から京都へ来たことだ。彼は高校、大学と東京で過ごしたが、私は大学から京都へ来た。京都、とりわけ京大は東京者を扱うのがうまい。京都文化の作法も知らずに飛び込んだ私は、その波に翻弄されながらも泳ぐことを覚えた。それは同時に、東京でも京都でもない考え方を会得したときでもあった。京都の文化では、常識や既存の考えに迎合することはご法度だ。そのとき、ただ権威に反発するだけでは物足りない。複数の考えや意見の間を泳いで、誰からも「おもろいやん」と言わせる独自の考えを紡ぎだす必要がある。東京者は京都人に疎外されることで、まずその自覚を得るのである。

自分に複数の引き出しを作ったり、直面する課題から少し距離を置いたりする習慣は、いろんな組織を渡り歩くことによって身につく。鎌田さんも東大を卒業した後、通商産業省地質調査所に奉職してから京大へやってきた。私も京大を出てからケニアの日本学術振興会ナイロビオフィス、ルワンダのカリソケ研究所、財団法人日本モンキーセンターと渡り歩き、京大の霊長類研究所に入った。京大で教育や研究をする前に別の組織を体験している。これは同じ食材に対して別の調理法や調味料を知っているようなもので、そのときは分からないが、後でじわじわと利いてくる味覚、いや知覚である。

霊長類学、特に野生の霊長類を対象に、フィールドワークによって社会を研究する学問は、京都大学の発想によって日本で興った学問である。欧米には野生の霊長類が生息せず、人間以外の動物に人間につながるような社会があるとは考えなかったからで、今西錦司さんをはじめとする京大の霊長類研究グループは個体識別など独自の手法で世界の潮流を作った。それを支えた組織が三つある。日本モンキーセンター（一九五六年設立）、京都大学理学研究科自然人類学研究室（一九六二年）、京都大学霊長類研究所（一九六七年）である。今西さんや私の師である伊谷純一郎さん、河合雅雄さんなど日本霊長類学の創始者たちはこれらの組織作りに奔走したが、すべての組織に属することはなかった。私はこれら三つの組織で職を得、それぞれの学問的伝統を肌で覚えた経験を持つ。モンキーセンターは民間の組織で博物館と動物園をもつ。自然人類学研究室は生物としてのヒトの理解を目指す形質人類学、霊長類学、生態人類学を推進する。霊長類研究所は霊長類を対象としてミクロからマクロまで総合的な研究を展開する。付き合う人も考え方もまるで違う。これはとても貴重な財産だと思う。

さらに私は、ゴリラ研究の出発点で海外の研究者が作ったフィールドを経験した。今西さんや伊谷さんは霊長類学の創始者だから、海外から研究者を受け入れこそすれ、こちらから学びに行く必要はないと考えていた。チンパンジーやボノボの長期観察基地を作った西田利貞さんや加納隆至さんも同じような意見だった。でも、私がゴリラをやろうとしたとき、アメリカ人のダイアン・フォッシーさんがルワンダでゴリラを間近に観察できるフィールドを作り上げていた。私はまずコンゴ民主共和国でフィールド調査を始めたが、なかなかゴリラに接近することができなかった。そこでダイアンに会いに行き、イギリス人やアメリカ人の同世代の研究者といっしょにヴィルンガ火山群にあるカリソケ研究所で調査をすることになった。そのフィールドで、私は学問の伝統も議論のやり方も異なる研究者たちと出会ったのである。言葉の壁を乗り越えるのに苦労したが、私は観察データの質と独自な発想を武器に彼らと切磋琢磨する日々を送った。この体験は、後に英語の論文を書いたり、国際学会で役職を務めたりする際に大いに役立った。彼らは生涯の友となり、カリソケを出て私が別の地域でゴリラの調査を始める際に多くの貴重な助言を与えてくれた。

こうした体験は、私が慎重に先を見通して選んだ道ではない。むしろ、切羽詰って後先を考えず、えいやっと飛び込んだあげく、予想もしなかった出来事に遭遇してもがいた結果である。だから人生は面白い。その時々で違う選択肢もあったと思うが、あえて私は危険が伴う道を選んだ。日本でもアフリカでも何回か遭難したし、台風で大波にさらわれたり、洪水に巻き込まれそうになったり、マラリアの薬を間違えて服用して三日間意識を失ったり、ゴリラに襲われて頭と足を二〇針以上も縫う傷を負ったこともある。よう生きながらえてきたもんだと思う。

そして、さあそろそろゴリラ研究の集大成でも、と思っていた矢先に京大の総長という重職が降ってきた。私は固辞し続けたのだが、「ヤマギワさん、もうすぐ六三歳でしょ。ちょっと前なら定年を迎えている歳ですよ。もう研究にしがみついている歳じゃない。これからは恩返しだと思って大学のために尽くしなさい」と言われた。これには虚を突かれた。うまいこと言うもんだよなあと思うと同時に、京大が置かれている苦境を改めて思い知らされた。お家の危機という事態に、自分の研究ばかり固執し続けるのもみっともないかもしれん、などと考えてしまったのである。しかし、ゴリラばかり見つめてきた研究バカの私に大学を託そうなんて、そこまで京大は常識がないのか、追い詰められているのか。まあ、こんなあほな人事は京大しかできない。これは私の人生の中で迎える最も大きな危機かもしれない。じゃあ面白いはずだな、と感じたのが失敗だった。

総長になってから体験したことは、いずれ話す機会があるだろう。でも私は教授職を取り上げられたおかげで、退職する際に行う最終講義もさせてもらえなかった。代わりに、ゼミの学生たちが京都の北山に一泊旅行を企画して、私に過去をしゃべる機会をくれた。しかし、話し出したら止まらず、結局二〇代までの経験しか披露できなかったのが残念である。もうゴリラを見に行くこともままならないし、学生たちと森を歩きながらフィールドワークについて語ることもできないなあ、と思っているところに鎌田さんがにっこり笑ってやってきたというわけである。

鎌田さんは、一〇年ほど前に前総長の尾池和夫さんが爆笑問題と談話会を開いたときに出会った。

尾池さんがおもろい先生として選んだ数人のうちの一人である。総長になってからも私はそのときの会話が忘れられず、大学を「おもろい」ことをやる場と位置づけた。まず、「京大おもろトーク：アートな京大を目指して」というトークイベントを企画し、おもろい芸術家や作家を呼んで、アート心のある京大の教員や学生たちとしゃべくり合った。二年間に七回実施して終了したが、この後を受けてこの四月から「京大変人講座」が立ち上がっている。学生たちがおもろい活動を企画し、クラウドファンディングで資金を募る「学生チャレンジコンテスト」や、学生自身が企画して先方と交渉して実施する体験型留学支援制度「京大おもろチャレンジ」も設立した。京大はおもろくなくてはいけない。学生はリスクをとりながらも野心を持って新しいことにチャレンジしなければならない。いやしくも、その先頭に立つ総長がチャレンジ精神を失ってはいけない。そんなことを言うから、いろんな仕事が降ってくるのだが、まあ当分体が動くうちはせいぜいおもろいことにチャレンジしよう。それが私の致命的な性格だということを、鎌田さんとの会話を通じて気がつかされたのである。

二〇一七年十月

山極寿一

《著者紹介》

鎌田浩毅（かまた・ひろき）

1955年　東京都生まれ。

1974年　筑波大学附属駒場高校卒業。

1979年　東京大学理学部地学科卒業。

　通商産業省主任研究官，米国内務省火山観測所上級研究員などを経て，
現　在　京都大学大学院人間・環境学研究科教授（1997年～）。東京大学理学博士。

専　門　地球科学・火山学・科学コミュニケーション。テレビ・雑誌・新聞で科学を明快に解説する「科学の伝道師」。京大の講義は毎年数百人を集める人気で教養科目1位の評価。日本地質学会論文賞受賞（1996年）。

著　作　『日本の地下で何が起きているのか』岩波書店，2017年。

『地学ノススメ』講談社ブルーバックス，2017年。

『地球の歴史　上・中・下』中公新書，2016年。

『座右の古典』東洋経済新報社，2010年。

『世界がわかる理系の名著』文春新書，2009年。

『一生モノの勉強法』東洋経済新報社，2009年。

『富士山噴火』講談社ブルーバックス，2007年。

『火山噴火』岩波新書，2007年，ほか多数。

ホームページ　http://www.gaia.h.kyoto-u.ac.jp/~kamata/

MINERVA 知の白熱講義①
山極寿一×鎌田浩毅 ゴリラと学ぶ
――家族の起源と人類の未来――

2018年2月28日　初版第1刷発行　〈検印省略〉

定価はカバーに
表示しています

著　者　山　極　寿　一
　　　　鎌　田　浩　毅
発行者　杉　田　啓　三
印刷者　田　中　雅　博

発行所　株式会社　ミネルヴァ書房

607-8494　京都市山科区日ノ岡堤谷町1
電話代表（075）581-5191
振替口座 01020-0-8076

創栄図書印刷・新生製本

ISBN978-4-623-08138-7
Printed in Japan

山極寿一（やまぎわ・じゅいち）

1952年２月　東京都生まれ。
1964年３月　国立市立国立第三小学校卒業。
1967年３月　国立市立国立第一中学校卒業。
1970年３月　都立国立高校卒業。
1975年３月　京都大学理学部卒業。
1977年３月　京都大学大学院理学研究科修士課程修了。
1980年３月　京都大学大学院理学研究科博士後期課程研究指導認定。
1980年５月　京都大学大学院理学研究科博士後期課程退学。
1980年６月　日本学術振興会奨励研究員。
1982年４月　京都大学研修員。
1983年１月　財団法人日本モンキーセンターリサーチフェロー。
1987年１月　京都大学理学博士号取得。
1988年７月　京都大学霊長類研究所助手。
1998年１月　京都大学大学院理学研究科助教授。
2002年７月　京都大学大学院理学研究科教授。
2005年５月　日本霊長類学会会長（～2009年５月）。
2008年８月　国際霊長類学会会長（～2012年８月）。
2009年４月　京都大学教育研究評議会評議員（～2011年３月31日）。
2011年４月　京都大学大学院理学研究科長・理学部長（～2013年３月31日）。
2012年４月　京都大学経営協議会委員（～2013年３月31日）。
現　在　京都大学総長（2014年10月～），国立大学協会会長（2017年６月～），日本学術会議会長（2017年10月～）。
著　作　『家族進化論』東京大学出版会，2012年。
『ゴリラ［第２版］』東京大学出版会，2015年。
『暴力はどこからきたか』NHK ブックス，2007年。
『父という余分なもの』新潮文庫，2015年。
『「サル化」する人間社会』集英社，2014年。
『京大式おもろい勉強法』朝日新書，2015年。
『ゴリラは語る』講談社，2012年。
『都市と野生の思考』共著，集英社インターナショナル新書，2017年，ほか多数。

人名索引

ま　行

や　行

ら　行

わ　行

事項索引

あ 行

か 行

さ 行

た　行

な　行

は　行

ま　行

や　行

ら　行

わ　行

山極寿一・主要研究業績

A．邦文著書・編著

A1. 山極壽一（1983）『森の巨人』歩書房.

A2. 山極壽一（1984）『ゴリラ――森に輝く白銀の背』平凡社.

A3. 山極壽一・丸橋珠樹・古市剛史（1986）「ヤクザルの社会構造と繁殖戦略」『屋久島の野生ニホンザル10動物，その適応戦略と社会』東海大学出版会，pp. 60–125.

A4. 山極壽一（1987）「身体共鳴のコミュニケーション」米山俊直編『アフリカ人間読本』河出書房新社，pp. 88–89.

A5. 山極壽一（1989）「家族起源論へ向けて――ゴリラモデルの検証」江原昭善編『サルはどこまで人間か』小学館，pp. 287–301.

A6. 山極壽一（1991）「父親の起源――ゴリラ社会の父親像から」西田利貞・伊澤紘生・加納隆至編『サルの文化誌』平凡社，pp. 169–192.

A7. 山極壽一（1992）「サルに父親はいるか」京都大学霊長類研究所編『サル学なんでも小事典』講談社，pp. 81–85.

A8. 山極壽一（1992）「ゴリラ（多種類の雑食性/雌が嫁入り/優しいリーダー雄/雄の同性愛/特異な平等志向）」河合雅雄編『進化の隣人』毎日新聞社，pp. 60–69.

A9. 山極壽一（1993）「ゴリラの視覚コミュニケーション――他者を見ることの社会学的意味」三上章允編『視覚の進化と脳』朝倉書店，pp. 205–224.

A10. 山極壽一（1993）「視線と性」須藤建一・杉山敬志編『性の民族誌』人文書院，pp. 295–324.

A11. 山極壽一（1993）『ゴリラとヒトの間』講談社現代新書.

A12. 山極壽一（1994）『家族の起源――父性の登場』東京大学出版会.

A13. 山極壽一（1994）『食の進化論――サルはなにを食べてヒトになったか』女子栄養大学出版部.

A14. 山極壽一・伏原納知子（1994）『ヤクシマザルを追って（西部林道観察ガイド）』あこんき塾.

A15. 山極壽一（1995）「サタンの水――中央アフリカ・キブ湖畔の酒」山本紀夫・吉田集而編著『酒づくりの民族誌』八坂書房，pp. 91–99.

A16. 山極壽一（1995）「付き合いの美学――マウンテンゴリラ」地球の声のネットワーク・ナスカ・アイ編『いま，野生動物たちは』MARUZEN BOOKS，pp. 73–75.

A17. 松園万亀雄・須藤建一・菅原和孝・栗田博之・棚橋訓・山極壽一（1996）『性と出会う』講談社.

A18. 山極壽一（1996）『ゴリラの森に暮らす――アフリカの豊かな自然と知恵』NTT 出版.
A19. 山極壽一（1996）「エコ・ツーリズムへ――自然との共生を求めて」山下晋司編『観光人類学』新曜社，pp. 197-205.
A20. 山極壽一（1997）「ヒトはいつから人間であったのか」『岩波講座文化人類学第 1 巻　新たな人間の発見』岩波書店，pp. 31-60.
A21. 山極壽一（1997）「サルからヒトへ――父性の登場」『男と女のかんけい学』学文社，pp. 41-78.
A22. 山極壽一（1997）『父という余分なもの』新書館.
A23. 山極壽一（1998）『ゴリラ雑学ノート』ダイヤモンド社.
A24. 山極壽一（1998）「家族の自然誌――初期人類の父親像」比較家族史学会監修，黒柳晴夫・山本正和・若尾祐司編『父親と家族』（シリーズ比較家族第Ⅱ期，第 2 巻），早稲田大学出版部，pp. 3-41.
A25. 山極壽一（1999）『ジャングルで学んだこと――ゴリラとヒトの父親修行』フレーベル館.
A26. 高畑由起夫・山極壽一編（2000）『ニホンザルの自然社会――エコミュージアムとしての屋久島』京都大学学術出版会.
A27. 山極壽一（2000）「ゴリラと人の共存の道を探る」「少年ケニアの友」東京支部編『アフリカを知る』スリーエーネットワーク，pp. 148-161.
A28. 山極壽一（2000）「ゴリラの父系コミュニティー――子殺しの有無をめぐって」杉山幸丸編著『霊長類生態学』京都大学学術出版会，pp. 385-404.
A29. 山極壽一（2001）「霊長類の眠り――定点の眠りから移動の眠り」吉田集而編『眠りの文化論』平凡社，pp. 43-65.
A30. 山極壽一（2001）「動物と人間の接点――ゴリラの心をフィールド・ワークする」関西学院大学キリスト教と文化研究センター編『生命科学と倫理――21世紀のいのちを考える』関西学院大学出版会，pp. 63-93.
A31. 山極壽一（2001）「サルの同性愛論」西田利貞編『ホミニゼーション』京都大学学術出版会，pp. 149-222.
A32. 山極壽一（2001）「誰もやっていないことをやってみよう」「東大小児科だより」編『子どもの頃，本当はこんなことを考えていた』PHP，pp. 104-139.
A33. 山極壽一（2001）「インセスト回避がもたらす社会関係」川田順造編『近親性交とそのタブー』藤原書店，pp. 57-85.
A34. 山極壽一（2002）『ゴリラとあかいぼうし』福音館書店.
A35. 山極壽一（2003）「未熟がつくった人間の社会性」白幡洋三郎監修，サントリー不易流行研究所編『大人にならずに成熟する法』中央公論新社，pp. 156-181.
A36. 山極壽一（2003）『オトコの進化論――男らしさの起源を求めて』ちくま

新書.

A37. 山極壽一（2003）「ゴリラのエコ・ツーリズム」古川彰・松田素二編『観光と環境の社会学』新曜社，pp. 243–245.

A38. 山極壽一（2003）「類人猿の共存とコミュニティの進化」西田正規・北村光二・山極壽一編『人間性の起源と進化』昭和堂，pp. 172–202.

A39. 山極壽一（2003）「内戦下の自然破壊と地域社会――中部アフリカにおける大型類人猿のブッシュミート取引と NGO の保護活動」池谷和信編『地球環境問題の人類学』世界思想社，pp. 251–280.

A40. 山極壽一（2005）「霊長類の食生活と進化」上野川修一・田之倉優編『食品の科学』東京化学同人，pp. 10–16.

A41. 山極壽一（2005）『ゴリラ』東京大学出版会.

A42. 山極壽一（2006）「「学びの島」歴史と未来」大澤雅彦・田川日出夫・山極壽一編『世界遺産屋久島――亜熱帯の自然と生態系』朝倉書店.

A43. 山極壽一（2006）『サルと歩いた屋久島』山と渓谷社.

A44. 山極壽一（2006）「ゴリラのフィールド遺伝学」竹中修企画，竹中晃子・渡邊邦夫・村山美穂編『遺伝子の窓から見た動物たち――フィールドと実験室をつないで』京都大学学術出版会，pp. 267–280.

A45. 伏木亨・山極壽一（2006）『いま食べることを問う』（人間選書285），農文協.

A46. 山極壽一（2007）「アフリカに森の学校を――自然保護と地域振興のはざまにあるエコツーリズム」山下晋司編『観光文化学』新曜社，pp. 117–183.

A47. 山極壽一編著（2007）『ヒトはどのようにしてつくられたか』岩波書店.

A48. 山極壽一（2007）『暴力はどこからきたか――人間性の起源を探る』NHK ブックス.

A49. 山極壽一・津和典子・松岡悦子・小長谷有紀（2008）「家族のデザイン」小長谷有紀編『家族のデザイン』東信堂，pp. 165–207.

A50. 山極壽一（2007）「環境変動と人類の起源」池谷和信・佐藤廉也・武内進一編『朝倉世界地理講座――大地と人間の物語11 アフリカＩ』朝倉書店，pp. 51–68.

A51. 山極壽一（2008）「眠りの進化論」高田公理・堀忠雄・重田真義編『睡眠文化を学ぶ人のために』世界思想社，pp. 162–163.

A52. 山極壽一（2008）「サタンの水――中央アフリカ・キブ湖畔の酒」山本紀夫編著『酒づくりの民族誌』八坂書房，pp. 84–91.

A53. 山極壽一（2008）「人間にとって教育とは何か――教育の起源についての進化論的検討」総合人間学会編『自然と人間の破壊に抗して』学分社，pp. 80–92.

A54. 高槻成紀・山極壽一編（2008）『日本の哺乳類学２　中大型哺乳類・霊長

類』東京大学出版会.
A55. 山極壽一（2008）「日本の霊長類――ニホンザル研究の歴史と展望」高槻成紀・山極壽一編『日本の哺乳類学 2　中大型哺乳類・霊長類』東京大学出版会，pp. 29–49.
A56. 山極壽一（2008）『人類進化論――霊長類学からの展開』裳華房.
A57. 山極壽一（2008）「野生動物とヒトとの関わりの現代史――霊長類学が変えた動物観と人間観」林良博・森裕司・秋篠宮文仁・池谷和信・奥野卓司編『ヒトと動物の関係学第 4 巻　野生と環境』岩波書店，pp. 69–88.
A58. 山極壽一（2008）『ゴリラ図鑑』文渓堂.
A59. 山極壽一（2009）「ゴリラ・〈こころ〉・人」京都文化会議記念出版委員会・川添信介・高橋康夫・吉澤健吉編『こころの謎　kokoro の未来』京都大学学術出版会，pp. 156–183.
A60. 小長谷有紀・山極壽一編（2010）『日高敏隆の口説き文句』岩波書店.
A61. 山極壽一（2010）「戦争の起源」総合人間学会編『戦争を総合人間学から考える』学文社，pp. 5–19.
A62. 山極壽一（2010）「霊長類における父親行動というアロマザリング」根ケ山光一・柏木恵子編『ヒトの子育ての進化と文化』有斐閣，pp. 53–54.
A63. 山極壽一（2010）「ゴリラに学ぶ子育ての深い意味」『The 保育：101の提言』Vol. 3，フレーベル館，pp. 72–77.
A64. 山極壽一（2011）「負の遺産への責任」京都水族館（仮称）と梅小路公園の未来を考える会編『京都に海の水族館？――市民不在のまちづくり計画』かもがわブックレット，pp. 44–45.
A65. 中村桂子・山極壽一・佐野春仁・西村仁志（2011）「いのちと環境から考える」京都水族館（仮称）と梅小路公園の未来を考える会編『京都に海の水族館？――市民不在のまちづくり計画』かもがわブックレット，pp. 18–24.
A66. 山極壽一・平野啓子・中野正明・青木新門・高田公理（2011）「往生――死をめぐる共生」高田公理編『ともいきがたり』創元社，pp. 132–152.
A67. 山極壽一（2011）「ゴリラの森から見た戦争と環境」京都家庭文庫地域文庫連絡会編『きみには関係ないことか』かもがわ出版，p. 102.
A68. 山極壽一（2011）「コミュニケーションとは何か――サルから知る，人の身体と心」『知デリ BOOK Vol. 1――5 つの知の対話集』アート＆テクノロジー知術研究プロジェクト2006–2008，pp. 7–50.
A69. 山極壽一（2011）『ヒトの心と社会の由来を探る――霊長類学から見る共感と道徳の進化』財団法人国際高等研究所.
A70. やまぎわじゅいち・あべ弘士（2011）『ゴリラとあそんだよ』福音館.
A71. 山極壽一（2011）「ゴリラと野生生物の復活劇」吉田昌夫・白石荘一郎編『ウガンダを知るための53章』明石書店，pp. 29–33.

A72. 山極壽一（2012）「ヒトはどのようにしてアフリカを出たのか？——ヒト科生態進化のルビコン」印東道子編『人類大移動——アフリカからイースター島へ』朝日選書，pp. 219-243.

A73. 山極壽一（2012）「サルの名付けと個体識別」横山俊夫編『ことばの力——あらたな文明を求めて』京都大学学術出版会，pp. 269-288.

A74. 山極壽一・阿部知暁（2012）『ゴリラが胸をたたくわけ』（月刊たくさんのふしぎ 第325号），福音館書店.

A75. 山極壽一（2012）「ヒトの脳の進化の舞台裏」カール・ジンマー著，長谷川真理子監修『進化——生命のたどる道』岩波書店，pp. 397-398.

A76. 山極壽一（2012）『家族進化論』東京大学出版会.

A77. 山極壽一（2012）『ゴリラは語る』（15歳の寺子屋），講談社.

A78. 山極壽一（2012）「ヒトはいつから火を使いはじめたのか——人間の生活史からみた調理の起源」朝倉敏夫編『火と食』（食の文化フォーラム30），ドメス出版，pp. 20-43.

A79. 山極壽一（2012）『野生のゴリラと再会する——26年前のわたしを覚えていたタイタスの物語』くもん出版.

A80. 中川尚史・友永雅己・山極壽一（2012）『日本のサル学のあした——霊長類研究という「人間学の可能性」』京都通信社.

A81. 山極壽一（2013）「移動の心理を霊長類に探る」印東道子編『人類の移動誌』臨川書店，pp. 38-53.

A82. 山極壽一（2013）「京都大学の教養教育について考える」安達千李他編『ゆとり京大生の大学論』ナカニシヤ出版，pp. 74-87.

A83. 山極壽一（2013）「老いはどのように進化してきたか——少子高齢化社会の生物学的背景」横山俊夫編『達老時代へ』ウェッジ選書，pp. 29-64.

A84. 横山俊夫・やなぎみわ・山極壽一・松林公蔵・深澤一幸（2013）「老いを楽しむ」横山俊夫編『達老時代へ』ウェッジ選書，pp. 173-231.

A85. 山極壽一（2014）「ゴリラツーリズム」松田素二編『アフリカ社会を学ぶ人のために』世界思想社，pp. 236-237.

A86. 山極壽一（2014）「サルを通してヒトをみつめる」倉本聰・林原博光編『愚者が聞く』双葉社，pp. 155-197.

A87. 山極壽一（2014）「ゴリラから人間関係を学べ」ビートたけし他著『たけしのグレートジャーニー』新潮社，pp. 73-92.

A88. 山極壽一（2014）『「サル化」する人間社会』集英社.

A89. 山極壽一（2014）「ゴリラが教えてくれた構えの継承」京都芸術センター叢書『継ぐこと，伝えること』京都芸術センター，pp. 190-194.

A90. 山極壽一（2015）『父という余分なもの——サルに探る文明の起源』新潮文庫.

A91. 山極寿一（2015）『京大式おもろい勉強法』朝日新書.

A92. 山極寿一（2015）「味方をつくらない」『世界を平和にするためのささやかな提案』（14歳の世渡り術シリーズ），河出書房新社，pp. 118–124.
A93. 山極寿一（2015）「サルから考える人間のコミュニティの未来」近藤淳也監修『ネットコミュニティの設計と力』角川学芸出版，pp. 129–160.
A94. 山極寿一（2016）「こころの起源――共感から倫理へ」河合俊雄・中沢新一・広井良典・下條伸輔・山極寿一著『〈こころ〉はどこから来て，どこへ行くのか』岩波書店，pp. 155–200.
A95. 山極寿一（2016）「若者の意思が日本を変える」岩波新書編集部編『18歳からの民主主義』岩波新書，pp. 210–213.
A96. 山極寿一（2016）『狂放思考学』奇光出版.
A97. 山極寿一（2016）「「人間とは何か」を密林にたずねる」中村桂子編『つむぐ』新曜社，pp. 154–179.
A98. ビートたけし・山極寿一（2017）「ゴリラから人間関係を学ぶ」『たけしの面白科学者図鑑』新潮文庫，pp. 11–34.
A99. 山極寿一・小菅正夫（2017）『ゴリラは戦わない――平和主義，家族愛，楽天的』中公新書ラクレ.
A100. 山極寿一（2017）「挫折から次のステップが開ける」山中伸弥・羽生善治・是枝裕和・山極壽一・永田和宏著『僕たちが何者でもなかった頃の話をしよう』文春新書，pp. 149–175.
A101. 山極寿一・永田和宏（2017）「おもろいこと，やろうじゃないか」山中伸弥・羽生善治・是枝裕和・山極壽一・永田和宏著『僕たちが何者でもなかった頃の話をしよう』文春新書，pp. 176–204.
A102. 山極寿一（2017）「二人の恩師の夢，今西錦司先生と伊谷純一郎先生」上廣倫理財団編『わが師・先人を語る』弘文堂，pp. 131–170.
A103. 山極寿一・吉川弘之（2017）「人類の進化が投げかける――科学コミュニケーションの行き先」吉川弘之対談集『科学と社会の対話』丸善出版，pp. 179–207.
A104. 鷲田清一・山極寿一（2017）『都市と野生の思考』集英社インターナショナル新書.
A105. 山極寿一・尾本恵一（2017）『日本の人類学』ちくま新書.

B．邦語研究論文

B1. 山極壽一（1979）「ニホンザル生体にみられる外形特徴について」『人類学雑誌』87(4)：483–498.
B2. 山極壽一（1988）「ゴリラの生活様式に見られる地域差について――ヴィルンガ火山群とカフジ山の比較から」『アフリカ研究』33：19–44.
B3. 山極壽一，丸橋珠樹，浜田穣，湯本貴和，ムワンザ・ンドゥンダ（1988）「ザイール国キブ州に生息する霊長類の現状と保護の必要性について」『霊

長類研究』4：66-82.
B4. 山極壽一（1993）「共存域におけるゴリラとチンパンジーの現状と保護」『霊長類研究』9：195-206.
B5. 山極壽一（1994）「クモザル亜科と類人猿の社会進化」『生物科学』46(1)：34-46.
B6. 山極壽一（1994）「マウンテンゴリラと東ローランドゴリラの現状と保護」『霊長類研究』10：347-362.
B7. 山極壽一（1996）「食物をめぐる競合と人類の進化――ゴリラとチンパンジーの食性の比較から」『日本咀嚼学会誌』6(1)：39-49.
B8. 山極壽一（1997）「ホミニゼーションと共生」『霊長類研究』13：117-120.
B9. 山極壽一（1999）「食のホミニゼーション」『行動科学』36：25-31.
B10. 山極壽一（2000）「家族の起源：父性の創造」『精神保健』（精神保健学会誌）45：1-5.
B11. 山極壽一・下岡ゆき子（2002）「霊長類の日遊動距離と遊動域の推定」『霊長類研究』18：326-333.
B12. 山極壽一・Basabose, AK,（2003）「異種の類人猿はどのようにして共存しているか：カフジ・ビエガ国立公園に同所的に生息するゴリラとチンパンジーの採食様式」『霊長類研究』19：3-15.
B13. 山極壽一（2004）「ヒガシローランドゴリラの現況と保護対策：カフジ・ビエガ国立公園での保護活動から」『霊長類研究』20：73-76.
B14. 山極壽一（2005）「子どもと暴力：ゴリラの子殺しに見る問題とその解決」『科学』75(4)：411-422.
B15. 山極壽一（2006）「ゴリラの人付け，人のゴリラ付け」『心理学評論』49(3)：403-413.

C．英語研究論文

C1. Yamagiwa, J. (1983) "Diachronic changes in two eastern lowland gorilla groups (Gorilla gorilla graueri) in the Mt. Kahuzi Region, Zaire", *Primates*, 24(2) : 174-183.
C2. Harcourt, A. H., Kineman, J., Campbell, G., Yamagiwa, J., Redmond, I., Aveling, C., and Condiotti, M. (1983) "Conservation and Virunga gorilla population", *African Journal of Ecology*, 21 : 139-142.
C3. Yamagiwa, J. (1985) "Sociosexual factors of troop fission in wild Japanese monkeys on Yakushima Island, Japan", *Primates*, 26(2) : 105-120.
C4. Yamagiwa, J. (1986) "Activity rhythm and the ranging of a solitary male mountain gorilla (Gorilla gorilla beringei)", *Primates*, 27(3) : 273-282.
C5. Yamagiwa, J. (1987) "Intra- and inter-group interactions of an all-male group of Virunga mountain gorillas (Gorilla gorilla beringei)", *Primates*, 28

(1) : 1-30.

C6. Yamagiwa, J. (1987) "Male life history and the social structure of wild mountain gorillas (Gorilla gorilla beringei)", in S. Kawano, J. H. Connell and T. Hidaka (eds.), *Evolution and Coadaptation in Biotic Communities*, University of Tokyo Press, pp. 31-51.

C7. Yamagiwa, J., Yumoto, T., Mwanza, N. and Maruhashi, T. (1988) "Evidence of tool-use by chimpanzees (Pan troglodytes schwenfurthii) for digging out a bee-nest in the Kahuzi-Biega National Park, Zaire", *Primates*, 29 : 405-411.

C8. Mwanza, N., Maruhashi, T., Yumoto, T. and Yamagiwa, J. (1988) "Conservation of eastern lowland gorillas in the Masisi region, Zaire", *Primate Conservation*, 9 : 111-114.

C9. Yamagiwa, J., Mwanza, N., Yumoto, T. and Maruhashi T. (1991) "Ant eating by eastern lowland gorillas", *Primates*, 32 : 247-253.

C10. Maruhashi, T., Yumoto, T., Yamagiwa, J. and Mwanza, N. (1991) "Primate feeding behavior and seed dispersion in a tropical rain forest in Zaire", in A. Ehara, T. Kimura, O. Takenaka and M. Iwamoto (eds.), *Primatology Today*, Elsevier Science Publishers, Amsterdam, pp. 123-124.

C11. Yamagiwa, J. and Goodall, A. G. (1992) "Comparative socio-ecology and conservation of gorillas", in N. Itoigawa, Y. Sugiyama, G. P. Sackett, and R. K. R. Thompson (eds.), *Topics in Primatology* Vol. 2 : Behavior, Ecology, and Conservation, University of Tokyo Press, pp. 209-213.

C12. Yamagiwa, J., Mwanza, N., Yumoto, T. and Maruhashi T. (1992) "Travel distances and food habits of eastern lowland gorillas : a comparative analysis", in N. Itoigawa, Y. Sugiyama, G. P. Sackett, and R. K. R. Thompson (eds.), *Topics in Primatology* Vol. 2 : Behavior, Ecology, and Conservation, University of Tokyo Press, pp. 267-281.

C13. Mwanza, N., Yamagiwa, N., Yumoto, T. and Maruhashi T. (1992) "Distribution and range utilization of eastern lowland gorillas", in N. Itoigawa, Y. Sugiyama, G. P. Sackett, and R. K. R. Thompson (eds.), *Topics in Primatology* Vol. 2 : Behavior, Ecology, and Conservation, University of Tokyo Press, pp. 283-300.

C14. Yamagiwa, J. (1992) "Functional analysis of social staring behavior in an all-male group of mountain gorillas", *Primates*, 33 (4) : 523-544.

C15. Yamagiwa, J., Mwanza, N., Spangenberg, A., Maruhashi, T., Yumoto, T., Fischer, A., Steinhauer-Burkart, B. and Refisch, J. (1992) "Population density and ranging pattern of chimpanzees in Kahuzi-Biega National Park, Zaire : A comparison with a sympatric population of gorillas",

African Study Monographs, 13(4) : 217–230.

C16. Yamagiwa, J., Mwanza, N., Spangenberg, A., Maruhashi, T., Yumoto, T., Fischer, A. and Steinhauer, B. B. (1993) "A census of the eastern lowland gorillas Gorilla gorilla graueri in Kahuzi-Biega National Park with reference to mountain gorillas G. g. beringei in the Virunga Region, Zaire", *Biological Conservation*, 64 : 83–89.

C17. Yamagiwa, J., Yumoto, T., Maruhashi, T. and Mwanza, N. (1993) "Field methodology for analyzing diets of eastern lowland gorillas in Kahuzi-Biega National Park, Zaire", *Tropics*, 2(4) : 209–218.

C18. Mitani, M., Yamagiwa, J., Oko, R. A., Moutsambote, J. M., Yumoto, T. and Maruhashi, T. (1993) "Approaches in density estimates and reconstruction of social groups in a western lowland gorilla population in the Ndoki Forest, Northern Congo", *Tropics*, 2(4) : 219–229.

C19. Yamagiwa, J., Mwanza, N., Yumoto, T. and Maruhashi, T. (1994) "Seasonal change in the composition of the diet of eastern lowland gorillas", *Primates*, 35 : 1–14.

C20. Yumoto, T., Yamagiwa, J., Mwanza, N. and Maruhashi, T. (1994) "List of plant species identified in Kahuzi-Biega National Park, Zaire", *Tropics*, 3 (3/4) : 295–308.

C21. Yamagiwa, J. and Mwanza, N. (1994) "Day-journey length and daily diet of solitary male gorillas in lowland and highland habitats", *International Journal of Primatology*, 15(2) : 207–224.

C22. Mankoto, M. O., Yamagiwa, J., Steinhauer-Burkart, B., Mwanza, N., Maruhashi, T. and Yumoto, T. (1994) "Conservation of eastern lowland gorilla in the Kahuzi-Biega National Park, Zaire", in B. Thierry, J. R. Anderson, J. J. Roeder and N. Herrenschmidt (eds.), *Current Primatology*, Vol. 1 : Ecology and Evolution, Universite Louis Pasteur, Strasbourg, pp. 113–122.

C23. Yumoto, T., Yamagiwa, J., Asaoka, K., Maruhashi, T. and Mwanza, N. (1995) "How and why has African Solanum chosen the elephants only as the seed disperser?" *Tropics*, 4 : 233–238.

C24. Yumoto, T., Maruhashi, T., Yamagiwa, J. and Mwanza, N. (1995) "Seed-dispersal by elephants in a tropical forest in Kahuzi-Biega National Park, Zaire", *Biotropica*, 27 : 526–530.

C25. Yamagiwa, J., Maruhashi, T., Yumoto, T. and Mwanza, N. (1996) "Dietary and ranging overlap in sympatric gorillas and chimpanzees in Kahuzi-Biega National Park, Zaire", in W. C. McGrew, L. F. Marchant and T. Nishida (eds.), *Great Ape Societies*, Cambridge University Press,

Cambridge, pp. 82–98.

C26. Yamagiwa, J., Angoue-Ovono, S., Kasisi, R. (1996) "Densities of ape's food trees and primates in the Petit Loango Reserve, Gabon", *African Study Monographs*, 16(4) : 181–193.

C27. Yamagiwa, J., Kaleme, K., Mwanga, M. and Basabose, AK. (1996) "Food density and ranging patterns of gorillas and chimpanzees in the Kahuzi-Biega National Park, Zaire", *Tropics*, 6 : 65–77.

C28. Basabose AK. and Yamagiwa, J. (1997) "Predation on mammals by chimpanzees in the montane forest of Kahuzi, Zaire", *Primates*, 38 : 45–55.

C29. Takahata, Y., Suzuki, S., Okayasu, N., Sugiura, H., Takahashi, H., Yamagiwa, J., Izawa, K., Agetsuma, N., Hill, D. A., Saito, C., Sato, S., Tanaka, T., Sprague, S. (1998) "Does troop size of wild Japanese macaques influence birth rate and infant mortality in the absence of predator?" *Primates*, 39 : 245–251.

C30. Yamagiwa, J. and Hill, D. (1998) "Intraspecific variation in the social organization of Japanese macaques : past and present scope of field studies in natural habitats", *Primates*, 39 : 257–274.

C31. Saito, C., Sato, S., Suzuki, S., Sugiura, H., Agetsuma, N., Takahata, Y., Sasaki, C., Takahashi, H., Tanaka, T. and Yamagiwa, J. (1998) "Aggressive intergroup encounters in two populations of Japanese macaques (Macaca fuscata)", *Primates*, 39 : 303–12.

C32. Takahata, Y., Suzuki, S., Agetsuma, N., Okayasu, N., Sugiura, H., Takahashi, H., Yamagiwa, J., Izawa, K., Furuichi, T., Hill, D. A., Maruhashi, T., Saito, C., Sato, C., Sprague, D. S. (1998) "Reproduction of wild Japanese macaque females of Yakushima and Kinkazan islands : a preliminary report", *Primates*, 39 : 339–350.

C33. Yamagiwa, J., (1999) "Socioecological factors influencing population stucture of gorillas and chimpanzees", *Primates*, 40 : 87–104.

C34. Takahata, Y., Huffman, M. A., Suzuki, S., Koyama, N. and Yamagiwa, J. (1999) "Why dominants do not consistently attain high mating reproductive success : a review of longitudinal Japanese macaque studies", *Primates*, 40 : 143–158.

C35. Domingo-Roura, X. and Yamagiwa, J. (1999) "Monthly and Diurnal variations in food choice by Macaca fuscata yakui during the major fruiting season at Yakushima Island, Japan", *Primates*, 40 : 525–536.

C36. Yamagiwa, J. and Kahekwa, J. (2001) "Dispersal patterns, group structure and reproductive parameters of eastern lowland gorillas at Kahuzi in the absence of infanticide", in M. Robbins, P. Sicotte and K. J.

Stewart (eds.), *Mountain gorillas*, Cambridge University Press, Cambridge, pp. 89–122.

C37. Yamagiwa, J. (2001) "Factors influencing the formation of ground nests by eastern lowland gorillas in Kahuzi-Biega National Park : some evolutionary implication of nesting behavior", *Journal of Human Evolution*, 40 : 99–109.

C38. Inogwabini, B-I., Hall, J. S., Vedder, A., Curran, B., Yamagiwa, J. and Basabose, AK. (2001) "Status of larger mammals in the mountain sector of Kahuzi-Biega national Park, Democratic Republic of Congo, in 1996", *African Journal of Ecology*, 38 : 269–276.

C39. Basabose, AK. and Yamagiwa, J. (2002) "Factors affecting nesting site choice in chimpanzees at Tshibati, Kahuzi-Biega National Park : influence of sympatric gorillas", *International Journal of Primatology*, 23 : 263–282.

C40. Yamagiwa, J., Basabose, AK., Kaleme, K. and Yumoto, T. (2003) "Within-group feeding competition of gorillas in the Kahuzi-Biega National Park, Democratic Republic of Congo : a comparison with that of sympatric chimpanzees", in A. B. Taylor and M. L. Goldsmith (eds.), *Revisiting the Genus Gorilla*, Cambridge University Press, pp. 328–357.

C41. Yamagiwa, J. (2003) "Bush-meat poaching of larger mammals and the crisis of conservation in the Kahuzi-Biega National Park, Democratic Republic of Congo", *Journal of Sustainable Forestry*, 16 : 115–135.

C42. Yamagiwa, J. (2003) "Reconsideration of terminology for sociality and social relationships in natural science : First Movement", in T. Yokoyama and Y. S. Kim (eds.), *Linguistic Challenges in the Modern Sciences*, The Institute for Research in Humanities, Kyoto University, Kyoto, pp. 45–52.

C43. Hashimoto, C., Suzuki, S., Takenoshita, Y., Yamagiwa, J., Basabose, AK. and Furuichi, T. (2003) "How fruit abundance affects the chimpanzee party size : a comparison between four study sites", *Primates*, 44 : 77–81.

C44. Nishimura, T., Okayasu, N., Hamada, Y., Yamagiwa, J. (2003) "A case report of a novel type of stick use by wild chimpanzees", *Primates*, 44 : 199–201.

C45. Yamagiwa, J., Kahekwa, J. and Basabose, AK. (2003) "Intra-specific variation in social organization of gorillas : implications for their social evolution", *Primates*, 44 : 359–369.

C46. Domingo-Roura, X, Marmi, J, Andres, O, Yamagiwa, J and Terradas, J. (2004) "Genotyping from semen of wild Japanese macaques (Macaca fuscata)", *American Journal of Primatology*, 62 : 31–42.

C47. Yamagiwa, J. (2004) "Diet and foraging of the great apes : ecological

constraints on their social organizations and implications for their divergence", in A. E. Russon and D. R. Begun (eds.), *The Evolution of Thought: Evolutionary Origins of Great Ape Intelligence*, Cambridge University Press, Cambridge, pp. 210-233.

C48. Yamagiwa J., Basabose AK., Kaleme K., Yumoto T. (2005) "Diet of Grauer's gorillas in the montane forest of Kahuzi, Democratic Republic of Congo", *International Journal of Primatology*, 26(6) : 1345-1373.

C49. Yamagiwa, J. (2005) "Coexistence of gorillas and chimpanzees", in J. Caldecott and L. Miles (eds), *World Atlas of Great Apes and their Conservation*, UNEP World Conservation Monitoring Centre, University of California Press, Berkeley, p. 137.

C50. Yamagiwa J., Basabose AK. (2006) "Diet and seasonal changes in sympatric gorillas and chimpanzees at Kahuzi-Biega National Park", *Primates*, 47(1) : 74-90.

C51. Yamagiwa, J. (2006) "Playful encounters: the development of homosexual behaviour in male mountain gorillas", in Sommer, V. and Vasey, P. L. (eds.), *Homosexual Behaviour in Animals*, Cambridge University Press, Cambridge, pp. 273-293.

C52. Yamagiwa J., Basabose AK. (2006) "Effects of fruit scarcity on foraging strategies of sympatric gorillas and chimpanzees", in Hohmann, G., Robbins, M. M. and Boesch, C. (eds.), *Feeding Ecology in Apes and Other Primates: Ecological, Physiological and Behavioural Aspects*, Cambridge University Press, Cambridge, pp. 73-96.

C53. Yamagiwa, J. (2008) Comments on "The Chimpanzee Has No Clothes: a critical examination of Pan troglodytes in models of human evolution", *Current Anthropology*, 49: 105-106.

C54. Yamagiwa, J. (2008) Book Review: Alexander H. Harcourt and Kelly j. Stewart, *Gorilla Society: conflict, compromise, and cooperation between sexes*, The University of Chicago Press, Chicago, *Primates*, 49: 232-234.

C55. Ando, C., Iwata, Y., Yamagiwa, J. (2008) "Progress of habituation of western lowland gorillas and their reaction to observers in Moukalaba-Doudou National Park, Gabon", *African Study Monographs Supplementary Issue*, 39: 55-69.

C56. Takenoshita, Y., Ando, C., Iwata, Y., Yamagiwa, J. (2008) "Fruit phenology of the great ape habitat in the Moukalaba-Doudou National Park, Gabon", *African Study Monographs Supplementary Issue*, 39: 23-40.

C57. Takenoshita, Y., Yamagiwa, J. (2008) "Estimating gorilla abundance by dung count in the northern part of Moukalaba-Doudou National Park,

Gabon", *African Study Monographs Supplementary Issue*, 39 : 41-54.

C58. Yamagiwa, J., Basabose, A. K., Kaleme, K. P., Yumoyo, T. (2008) "Phenology of fruits consumed by a sympatric population of gorillas and chimpanzees in Kahuzi-Biega National Park, Democratic Republic of Congo", *African Study Monographs Supplementary Issue*, 39 : 3-22.

C59. Yamagiwa, J. (2008) "History and present scope of field studies on Macaca fuscata yakui at Yakushima Island, Japan", *International Journal of Primatology*, 29 : 49-64.

C60. Yamagiwa, J. (2008) Comments on "Fission-Fusion Dynamics : new research frameworks", *Current Anthropology*, 49 : 645-646.

C61. Tarnaud L., Yamagiwa J. (2008) "Age-dependent patterns of intensive observation on elders by free-ranging juvenile Japanese macaques (Macaca fuscata yakui) within foraging context on Yakushima", *American Journal of Primatology*, 70 : 1103-1113.

C62. Yamagiwa J., Kahekwa J., Basabose AK. (2009) "Infanticide and social flexibility in the genus Gorilla", *Primates*, 50 : 293-303.

C63. Basabose AK., Yamagiwa J. (2009) "Four decades of research on primates in Kahuzi-Biega", *Gorilla Journal*, 38 : 3-7.

C64. Yamagiwa J., Basabose AK., (2009) "Fallback foods and dietary partitioning among Pan and Gorilla", *Am J Phys Anthropol*, 140 : 739-750.

C65. Yamagiwa, J. (2010) "Japanese primatology and conservation management", *Environmental Research Quarterly, Special Issue, Message from Japan's Green Pioneers : Living in Harmony with Nature*, Ministry of the Environment, Government of Japan, pp. 15-30.

C66. Yamagiwa, J. (2010) "Gorillas : The Quest for Coexistence", *The Japan Journal*, 6(10) : 27-29.

C67. Yamagiwa, J. (2010) "Coexistence des gorilles et des chimpanzes", in Caldecott J, Miles L (eds.), *Atlas Mondial des Grands Singes et Leur Conservation*, UNESCO, Paris, pp. 149.

C68. Yamagiwa, J. (2010) "Research history of Japanese macaques in Japan", in Nakagawa N, Nakamichi M, Sugiura H (eds.), *The Japanese Macaques*, Springer, Tokyo, pp. 3-25.

C69. Yamagiwa, J. (2011) "Ecological anthropology and primatology : fieldwork practices and mutual benefits", in MacClancy J and Fuentes A (eds.), *Centralizing Fieldwork*, Berghahn Books, Oxford, pp. 84-103.

C70. Yamagiwa, J. (2011) "Science diplomacy for gorilla ecotourism", *AJISS-Commentary*, 138 : 1-3.

C71. Yamagiwa J, Basabose AK, Kahekwa J, Bikaba D, Matsubara M, Ando, C,

Iwasaki N, Sprague DS (2012) "Long-term changes in habitats and ecology of African apes in Kahuzi-Biega National Park, Democratic Republic of Congo", in Plumptre AJ (ed.), *The ecological impact of long-term changes in Africa's Rift Valley*, Nova Science Publishers, New York, pp. 175-193.

C72. Yamagiwa J, Basabose, AK, Kahekwa J, Bikaba D, Ando C, Matsubara M, Iwasaki N, Sprague DS (2012) "Long-term research on Grauer's gorillas in Kahuzi-Biega National Park, DRC : life history, foraging strategies, and ecological differentiation from sympatric chimpanzees", in Kappeler PM, Watts DP (eds.), *Long-term field studies of primates*, Springer, New York, pp. 385-412.

C73. Inoue E, Akomo-Okoue ES, Ando C, Iwata Y, Judai M, Fujita S, Hongo S, Nze-Nkogue C, Inoue-Murayama M, Yamagiwa J, (2013) "Male Genetic Structure and Paternity in Western Lowland Gorillas (Gorilla gorilla gorilla)", *American Journal of Physical Anthropology*, 151 : 583-588.

C74. Yamagiwa J, Basabose AK (2014) "Socioecological flexibility of gorillas and chimpanzees", in Yamagiwa J and Karczmarski L (eds.), *Primate and Cetacean : field research and conservation of complex mammalian societies*, Springer, Tokyo, pp. 43-74.

C75. Yamagiwa J, Shimooka Y, Sprague DS (2014) "Life history tactics in monkey and apes : focus on female-dispersal species", in Yamagiwa J and Karczmarski L (eds.), *Primate and Cetacean : field research and conservation of complex mammalian societies*, Springer, Tokyo, pp. 173-206.

C76. Matsuda I, Tuuga A, Hashimoto C, Bernard H, Yamagiwa J, Fritz J, Tsubokawa K, Yayota M, Murai T, Iwata Y, and Clauss M. (2014) "Faecal particle size in free-ranging primates supports a 'rumination' strategy in the proboscis monkey (Nasalis larvatus)", *Oecologia*, 174 : 1127-1137. DOI 10.1007/s00442-013-2863-9.

C77. Wilfried EEG, Yamagiwa J (2014) "Use of tool sets by chimpanzees for multiple purposes in Moukalaba-Doudou National Park, Gabon", *Primates*, 55 : 467-472. DOI 10.1007/s10329-014-0431-5.

C78. Yamagiwa J, Tsubokawa K, Inoue E, Ando C (2015) "Sharing fruit of Treculia africana among western gorillas in the Moukalaba-Doudou National Park, Gabon : Preliminary report", *Primates*, 56 : 3-10. DOI 10. 1007/s10329-014-0433-3.

C79. Yamagiwa, J. (2015) "Evolution of hominid life history strategy and origin of human family", in Furuichi T, Yamagiwa J, Aureli F (eds.),

Dispersing Primate Females: Life History and Social Strategies in Male-Philopatric Species, Springer, Tokyo, pp. 255-285.

C80. Kamungu S, Basabose K, Bagalwa M, Bagalwa B, Murhabale B, Yamagiwa J (2015) "Phytochemical Screening of Food Plants Eaten by Sympatric Apes (Gorilla beringei graueri and Pan troglodytes schweinfurthii) Inhabiting Kahuzi-Biega National Park, Democratic Republic of Congo) and their Potential Effect on Gastro Intestinal Parasites", *International Journal of Pharmacognosy and Phytochemical Research*, 7(2) : 255-261. ISSN : 0975-4873.

C81. Basabose AK, Inoue E, Kamungu S, Murhabale B, Akomo-Okue E-F, Yamagiwa J (2015) "Estimation of Chimpanzee Community Size and Genetic Diversity in Kahuzi-Biega National Park, Democratic Republic of Congo", *American Journal of Primatology*, 77 : 1015-1025.

C82. Akomo-Okoue EF, Inoue E, Nakashima Y, Hongo S, Atteke C, Miho Inoue-Murayama M, Yamagiwa J (2015) "Noninvasive genetic analysis for assessing the abundance of duiker species among habitats in the tropical forest of Moukalaba, Gabon", *Mammal Research*, 60 : 375-384. DOI 10.1007/s13364-015-0233-1.

C83. Iwata Y, Nakashima Y, Tsuchida S, Nguema PPM, Ando C, Ushida K, Yamagiwa J (2015) "Decaying toxic wood as sodium supplement for herbivorous mammals in Gabon", *J Vet Med Sci.*, 77(10) : 1247-1252. DOI 10.1292/jvms.15-0111.

C84. Nkogue N Chiméne, Horie M, Fujita S, Ogino M, Kobayashi Y, Mizukami K, Masatani T, Ezzikouri S, Matsuu A, Mizutani T, Ozawa M, Yamato O, Ngomanda A, Yamagiwa J, Tsukiyama-Kohara K, (2016) "Molecular epidemiogical study of adenovirus infecting western lowland gorillas and humans in and around Moukalaba-Doudou National Park", *Virus Genes*, 52 : 671-678. DOI 10.1007/s11262-016-1360-8.

C85. Mangama-Koumba LB, Nakashima Y, Mavoungou JF, Akomo-Okoue EF, Yumoto T, Yamagiwa J, M'batchi B (2016) "Estimating diurnal primate densities using distance sampling method in Moukalaba-Doudou National Park, Gabon", *Jounal of Applied Biosciences*, 99 : 9395-9404. ISSN : 1997-5902.

C86. Robbins MM, Ando C, Fawcett KA, Grueter CC, Hedwig D, Iwata Y, Lodwick JL, Masi S, Salmi R, Stoinski TS, Todd A, Vercellio V, Yamagiwa J, (2016) "Behavioral Variation in Gorillas : Evidence of Potential Cultural Traits", *PLOS ONE*, 11(9) : e0160483. DOI 10.1371/journal.pone.0160483.